Bärbel Bachmann
Okt. 86

saur

Karl F. Stock

Einführung in die elektronische Datenverarbeitung für Archivare, Bibliothekare und Dokumentare

2., überarbeitete Auflage

- Die Sprache
- Das Dokument
- Dokumentare / Dokumentation:
  Informationsaufbereiter u. Informationsvermittler
- Bibliothekare / Archivare:
  Informationsverwalter

  ↓ ↓

  auch Neubestände + Ablage | nur Ablage

K · G · Saur
München · New York · London · Paris 1985

Anschrift des Autors:

Dr. Karl F. Stock
Wiener Straße 260

A-8051 GRAZ

CIP – Kurztitelaufnahme der Deutschen Bibliothek

Stock, Karl F.:
Einführung in die elektronische Datenverarbeitung für Archivare, Bibliothekare und Dokumentare / Karl F. Stock. – 2., überarb. Aufl. – München ; New York ; London ; Paris : Saur, 1985.
1. Aufl. u.d.T.: Stock, Karl F.: Einführung in die elektronische Datenverarbeitung mit BASIC für Bibliothekare und Dokumentare
ISBN 3-589-10602-5

2., überarbeitete Auflage

Datenerfassung auf einem IBM-PC/XT durch Herrn Dr. Karl Stock, Graz
Datenübernahme und Satzausgabe durch SCS Schwarz GmbH & Co., Stuttgart
Herstellungsbetreuung beim Verlag K · G · Saur durch Manfred Link, München
Druck und Binden durch grafik & druck, München

ISBN 3-598-10602-5

INHALTSVERZEICHNIS

VORWORT ZUR 2. AUFLAGE

Die elektronische Datenverarbeitung ermöglicht im Bibliotheks- und Dokumentationswesen die Einführung und Durchführung organisatorischer und automationsunterstützter Abläufe, die sonst nicht oder nur mit unverhältnismäßig erhöhtem Personal- und Mitteleinsatz möglich sind.

Unwirtschaftlicher und unzweckmäßiger EDV-Einsatz hat schon vielen Betrieben das Ende bereitet. Das muß aber nicht so sein, wenn die wirtschaftlichen und organisatorischen Möglichkeiten des EDV-Einsatzes sinnvoll und richtig genutzt werden, vor allem wenn entsprechende Anwendungskonzepte ausgearbeitet werden. Bibliothekstyp, Betriebsgröße und Aufgabenschwerpunkte müssen bei diesen Konzepten entsprechend berücksichtigt werden.

Die neuesten Trends in der Entwicklung und Anwendung der Datenverarbeitung betreffen den verstärkten Einsatz von Kleincomputersystemen, deren Verbindung zu sogenannten lokalen Netzwerken, sowie den Einsatz von Dateimaschinen und laseroptischen Superdatenbanken.

Klein- und Personalcomputer haben auch im Bibliotheks- und Dokumentationswesen Fuß gefaßt. Soweit sich nicht aus Gründen der Nutzung großer und gemeinsamer Datenbasen die Notwendigkeit der Verwendung von Großcomputern ergibt, steht die Gattung der Kleincomputer fast außer Konkurrenz.

Die so bald vergriffene 1. Auflage meines Buches zeigt, daß das Thema Datenverarbeitung auch in unserem Berufsstand immer mehr Interesse findet, und das ist gut so, denn es wird uns nur dann gelingen, den EDV-Einsatz zu optimieren, wenn unsere Anwendungskonzepte nicht nur vom IuD-Fachwissen sondern auch vom entsprechenden Grundwissen über Datenverarbeitung getragen werden. So hat sich jüngst eine Gruppe von engagierten österreichischen Bibliothekaren, die sich dem Spezialgebiet der Handschriften und wertvollen Altdrucke widmen, zu einem EDV-Seminar für Verwalter des alten Buches entschlossen.

Einen bedeutenden Vorstoß in dieser Richtung hat der VdDB mit der Gründung der Kommission „Neue Technologien" gemacht und damit keineswegs eine Abwehrfront gegen Rationalisierungsbestrebungen eröffnet, sondern die Mitgestaltung und Mitentscheidung der durch die EDV aufkommenden neuen Aufgaben zu seinen Anliegen gemacht (vgl. VdDB-VDB Rundschreiben 1984/4, S. 2).

Der Strom der Entwicklung in der Datenverarbeitung und Computerwissenschaft fließt rasch, ja reißend. Fast jeden Tag wird ein erst vor kurzem eingeführtes Produkt von einem noch besseren überholt und abgelöst, manchmal trifft dies auch auf erst gestern angekündigte Produkte zu. Somit verläuft die Entwicklung sogar tragisch, wenn Hersteller und Arbeitskräfte betroffen sind, die ein sorgfältig vorbereitetes Produkt als unverkäufliches Muster abschreiben müssen. Wernher von Braun skizzierte dieses Problem mit folgender Aussage: „In Zukunft wird sich die Utopie beeilen müssen, wenn sie die Wirklichkeit einholen will". Wie steht es dann erst mit Bibliothekaren, die sich seit langem und noch immer gegen die neuen Informationstechnologien stemmen? Computeranwendungen dringen auf breiter Front selbst in den Bereich der Privat- und Grundausbildung ein, so daß früher oder später fast jeder mit den neuen Technologien konfrontiert werden wird. Um wieviel mehr wird dies gerade für den datenintensiven Informationsmarkt zutreffen? Mit der vorliegenden Einführung soll versucht werden, nicht nur ein gewisses Maß an Grundwissen über die Datenverarbeitung sondern auch eine richtige Einstellung zur Datenverarbeitung zu vermitteln. Unterschätzung oder gar Ablehnung des Computers wären ebenso fehl am Platze wie blinde Druckknopfgläubigkeit an die Allmacht der neuen Technologien.

Es war daher notwendig und selbstverständlich, daß die neuesten Trends in dieser 2. Auflage eingearbeitet wurden. Die rasche Entwicklung der Hardware und Software bringt es aber unweigerlich mit sich, daß viele Novissima schon bei Erscheinen des Werkes nicht mehr berücksichtigt werden konnten. Aber das kennen wir auch schon vom Sektor der Bibliographien.

Die in der 1. Auflage angekündigte „Einführung in BASIC" konnte aus vielerlei Gründen noch nicht fertiggestellt werden. Einer dieser Gründe ist der Trend zu einem besseren und strukturierten BASIC auf der einen Seite (z. B. BASIC-09) und die Weiterentwicklung des Quasistandards MICROSOFT BASIC in eine ähnliche Richtung auf der anderen

Seite. Beide Produkte gilt es noch zu beobachten und möglichst optimal zu berücksichtigen.

Das Literaturverzeichnis wurde durch einige neuere Arbeiten über Lokale Netzwerke und über zukünftige Entwicklungen ergänzt. Dem Leser wird die Lektüre des einen oder anderen Werkes sehr empfohlen. Als Ergänzung zu meiner Einführung möchte ich das Lehrbuch von Heinz-Werner Hoffmann „Datenverarbeitung für Bibliothekare" empfehlen, das den Lehrinhalt anhand von drei bibliotheks-orientierten Fallstudien instruktiv darstellt.

An dieser Stelle möchte ich allen Benützern dieses Buches, die mir durch ihre wertvolle und konstruktive Kritik Anregungen gegeben haben, herzlich danken, allen voran den kritischen Rezensenten. Ich hoffe, daß die 2. Auflage wieder bei vielen Mitarbeitern des Informationswesens Anklang finden wird. Ich nehme gerne wieder konstruktive Kritik und Anregungen entgegen.

Dem Verlag K. G. Saur, allen voran meinem Freund Klaus G. Saur und seinem Team, das nun schon seit 15 Jahren neben den weltweit gefragten Nachschlagewerken auch meine bescheidenen Arbeiten mit Eifer und Sorgfalt betreut, möchte ich besonders herzlich danken. Mit dem innovationsfreudigen Verlag K. G. Saur war es nunmehr möglich, den bereits seit der ersten Auflage auf Diskette gespeicherten Text im Lichtsatz herzustellen. Somit freut sich auch der Verfasser, für sein eigenes Werk den weniger ansprechenden Output durch ein typographisch schönes Satzbild ersetzen und am Fortschritt der Datenverarbeitung unmittelbar teilhaben zu können.

Graz, im Mai 1985 Karl F. Stock

VORWORT ZUR 1. AUFLAGE

Viele Bibliothekare stellen sich heute die Frage, wie sie mit dem ständigen Fortschritt und dem unaufhaltsamen Einzug der Technik in die Bibliotheken mithalten können. Sie entdecken dabei eine Reihe von Lükken in ihrer bisherigen Ausbildung. Während ihrer Ausbildungszeit waren keine Ausbildner für die Anliegen der Bibliotheksautomation vorhanden. Personal aus anderen Berufszweigen und mit anderen Ausbildungsgrundlagen macht ihnen manchen Arbeitsplatz streitig. Wer aber daran interessiert ist, daß die Entwicklung an ihm nicht so vorbeigeht, daß er letztlich dann durch andere überflüssig wird, macht sich Gedanken, wie er sich den geänderten Anforderungen anpassen kann: durch laufende Weiterbildung nach fundierter Grundausbildung.

Die 1979 erschienene Ausgabe meines Buches „Einführung in die elektronische Datenverarbeitung mit BASIC für Bibliothekare und Dokumentare" ist inzwischen nicht nur vergriffen, sondern auch, auf Grund der rasanten Entwicklung auf dem Sektor der Computertechnologie, bereits überholt. Überholt sind in manchen Ausbildungsprogrammen für Bibliothekare und Dokumentare auch die als bescheiden oder belanglos zu bezeichnenden EDV-Lehrveranstaltungen, da man erkannt hat, daß dem Informationswesen nur mit ebenso fundierter Ausbildung wie in den anderen Disziplinen ein Dienst erwiesen wird. Was zum Rüstzeug eines engagierten EDV-Anwenders gehört, wird nunmehr, angepaßt an die Bedürfnisse der Bibliotheksarbeit, in den verschiedenen Ausbildungslehrgängen immer mehr berücksichtigt. Man darf nur nicht in das andere Extrem verfallen und die Grundausbildung mit EDV-Stoff so aufblähen, daß man gezwungen ist, andere wichtige Fächer zu kürzen. EDV ist und bleibt ein Hilfsmittel und in der Bibliothek bleiben die tonangebenden Medien Buch und Informationsträger. Man sollte aber differenzieren und in Fortbildungsveranstaltungen den dafür interessierten und vorgesehenen Mitarbeitern den über die Grundausbildung hinausgehenden Stoff als Spezialwissen vermitteln.

Vieles wird von Zukunftsforschern über die Welt der Computer und der vielleicht buchlosen Bibliotheken des Jahres 2000 und darüber hinaus ausgesagt. Vieles wird auch tatsächlich in ähnlicher Weise eintreffen, aber manches wird auch ganz anders sein. Wir sollten uns aber nicht damit begnügen, uns erst dann auf etwas Neues einzustellen, wenn es bereits Gegenwart geworden ist; viel besser ist es, positiv an der Gestaltung des Neuen unter Bewahrung des Bewährten mitzuwirken. Dies gilt nicht nur im Bereich der Automation, wenn auch die Entwicklung hier viel rascher vor sich geht als in anderen Bereichen. Nach bisherigen Erfahrungen ist einmal erworbenes EDV-Wissen bereits nach 4 Jahren überholt! Dies hat natürlich auch im Bereich der Bibliotheksautomation Konsequenzen. Es ist daher eine der wichtigsten Aufgaben der bibliothekarischen Führungskräfte, nicht nur die Ausbildungskandidaten sondern auch den bereits ausgebildeten Mitarbeiterstab auf das aktuelle Niveau des für den jeweiligen Anwendungsbereich notwendigen EDV-Wissens zu bringen.

Diesem Ziel trägt die vorliegende Einführung Rechnung und sie soll auch nur als Einführung verstanden werden. Nur eine weiterführende Beschäftigung bietet die Voraussetzung dafür, daß unmittelbar in der EDV tätige Bibliotheksmitarbeiter erfolgreich und effizient eingesetzt werden können. Dieses Buch bietet nur den Einstieg dazu und dient zur Grundlegung eines besseren Verständnisses der Automation im Bibliothekswesen. Die Erarbeitung des hier dargelegten Stoffes bietet eine der Voraussetzungen dafür, daß eine gemeinsame Verständigungsebene zwischen EDV und Fachabteilungen gegeben ist.

Es wurde absichtlich davon Abstand genommen, diese Einführung mit irgendeiner der gängigen Programmiersprachen zu koppeln, da gerade auf diesem Gebiet sehr viel im Umbruch und im Kommen begriffen ist. Neue effizientere Programmiersprachen (ADA, ELAN, PASCAL) versuchen die alten, bewährten Programmiersprachen (ALGOL, BASIC, COBOL, FORTRAN, PL/I) zu verdrängen. Diese wiederum versucht man mit den Vorteilen der neueren Sprachen anzureichern.

Es ist beabsichtigt, in nächster Zeit ein weiteres in BASIC einführendes Werk vorzulegen, wobei vor allem wieder bibliothekarische Anwendungen unter Einbeziehung der neuesten Entwicklungen dieser Programmiersprache Berücksichtigung finden sollen. Für den ungeduldigen Leser empfiehlt sich der Griff nach einem der guten Lehrbücher für BASIC und PASCAL, besonders nach solchen, die im Hinblick auf die Anwendung bei Kleincomputern ausgearbeitet wurden.

Der Interessierte sehe sich die ihm am besten zugänglichen und verfügbaren Möglichkeiten in seiner nächsten und bibliothekarischen Umgebung an und probiere sie auch aus. Es ist heutzutage sinnlos, Programmiersprachen im Trockenschwimmkurs alleine aus einem Buch zu lernen. In Ihrer nächsten Umgebung sind sicher auch Kleincomputer benützbar, damit Sie selbst am Gerät den Lernstoff erarbeiten und erfolgreich Probleme in einer Programmiersprache lösen können.

Der noch wenig mit der Datenverarbeitung vertraute Leser lasse sich nicht entmutigen, wenn da oder dort ein Punkt auftaucht, den er nicht sogleich verstehen kann. Viele Details werden erst im Zusammenhang mit anderen Abschnitten der Darstellung erhellt und verständlich, vor allem dann, wenn Sie den Stoff ein zweites Mal durcharbeiten. Es gibt genügend Lehrbücher der elektronischen Datenverarbeitung, warum denn schon wieder eines? Nun, hier wurde der Lernstoff bewußt in den Zusammenhang unserer täglichen Bibliotheksarbeit eingebettet. Die aus dem Bibliotheksbetrieb genommenen Beispiele sollen den Zugang zum Stoff erleichtern und zur Beschäftigung mit ihm anregen.

Graz, im Januar 1983 — Karl F. Stock

1. EINLEITUNG: ALPHABETE UND CODES

Das Abbild des Gegenstandes ist nicht der Gegenstand. So ist auch ein Organigramm nicht das Unternehmen, das es darstellt, und eine neue Strategie ist nicht automatisch die Lösung für Managementprobleme. (Thomas J. Peters: Auf der der Suche nach Spitzenleistungen. 1983, S. 25)

In diesem Kapitel wird versucht, beim Leser Verständnis für die Darstellungsformen von Zeichen in der EDV zu wecken. Dabei wird vor allem auf das bei Bibliothekaren bereits vorhandene Wissen um die Entwicklung von Schrift und Sprache im Laufe der Menschheitsgeschichte Bezug genommen.

Wer läßt sich beirren, wenn er anstelle eines **A** die Kombination von **0** und **1** sieht wie etwa **11000001** ? Dies kann nur bei dem der Fall sein, der sich an dieser Kombination festklammert und ihren Sinn ergründen will. Die Bedeutung dieser Kombination ist aber nicht eo ipso evident. Auch das Zeichen **A** bedeutet nicht selbstverständlich ein **a**, genausowenig, **B** und **C** auf Grund ihrer bloßen Form **b** bzw. **c** bedeuten; im cyrillischen Alphabet handelt es sich schließlich um ein **v** und ein **s**. In einem anderen Codiersystem (auch Sie könnten selbst so ein Geheimalphabet entwerfen) kann also auch die Darstellungsform 11000001 durchaus ein **X**, **U** oder **?** bedeuten. Es kommt letztlich auf die Konvention derer an, die sich eines bestimmten Zeichenvorrates bedienen.

Gerade Bibliothekare und Dokumentare sollten sich an computerinternen Zeichenverschlüsselungen nicht stoßen, da sie es doch gewohnt sind, ein und denselben Laut in vielerlei Darstellungen unterschiedlicher Alphabete zu erkennen. Im Gegenteil, sie sind es, die die Datenverarbeitungsfachleute veranlassen, noch weitere als die gewöhnlichen Zeichen des Alphabets zu verschlüsseln. Benötigt man ein neues Zeichen, so kommt man überein, irgend eine noch nicht reservierte

NULL-EINS-Kombination dafür zu verwenden. Niemand wird deshalb den tieferen Sinn dieser Kombination ergründen wollen, den es ja gar nicht gibt. Auch ist es keineswegs üblich, die einzelnen Kombinationen der darzustellenden Zeichen auswendig zu lernen, wie es in den Anfangszeiten der EDV-Anwendung zum Teil sogar notwendig war. Wer wissen will, welche computerinterne Darstellungsform ein bestimmtes Zeichen besitzt, der schlägt wie in einer Alphabet-Transkriptionstabelle in einer Code-Tabelle nach.

Die Frage nach dem dahinterliegenden Sinn ist noch berechtigt bei langsam gewachsenen Schriften, die sich aus bildlichen Darstellungen entwickelt und dann das Schriftsymbol nur mehr für den Anlaut des bildhaft dargestellten Wortes verwendet haben (vgl. Abb. 1: Alphabete und Codes).

Die ungeheure Entfaltung wissenschaftlicher Erkenntnisse und technischer Errungenschaften (auch von EDV-Anlagen) geht auf eine grundlegende Erfindung zurück, die sich hauptsächlich des Papiers als ihres Niederschlagsmittels bedient. Ob es sich nun um Berechnungen, Konstruktionen, die Herstellung von Maschinen oder um die Planung, Leitung und Kontrolle einer komplexen Organisation handelt, keine von diesen Leistungen wäre in ihrer hochentwickelten Form ohne die Vorarbeit und Mitarbeit vieler Menschengeschlechter denkbar, ohne die Summierung einer langen Kette von Einzelerfahrungen und Einzelerfindungen, die sich auf dem Wege der schriftlichen Fixierung vollzogen hat und nur so weitergegeben werden konnte.

Wörter wie Datenverarbeitung, Datenspeicherung, Wiedergabe, Wiederauffindung von Informationen u. dgl. sind nur neue Namen für eine zeitgemäße Verarbeitung von Informationen, wie sie schon Jahrhunderte früher in anderer Form getätigt wurde. Wer kennt nicht das Problem fehlender Programmdokumentationen, wenn einmal eine Änderung notwendig ist? Wie und wo soll geändert werden? Sind überhaupt Aufzeichnungen über den bestehenden Zustand vorhanden? Die Suche beginnt wie bei einem reparaturbedürftigen elektronischen Gerät ohne Schaltplan. Auf Grund mündlicher Überlieferung aufgebaute Systeme haben nur relativ kurzen Bestand. Durch dokumentarische Aufzeichnung fällt diese Schwierigkeit weg. Nur durch die Schrift und die Zeichnung konnte die Anhäufung von Informationen bewältigt und von Generation zu Generation weiterentwickelt und weitergegeben werden. So ist auch der Computer ein Produkt der Denker und Erfinder unserer und früherer Zeiten.

Abb. 1: Alphabete und Codes

Das Wesen von Sprache und Schrift ist es, für Dinge und Vorgänge Laute und Zeichen zu setzen. Die beiden Fachausdrücke **Datenbank** und **Datenbasis** gehören heute unbedingt zum Wortschatz eines Informationsfachmannes, obwohl diese Bezeichnungen erst etwas mehr als

20 Jahre in Gebrauch sind. Doch hat es Datenbanken schon sehr lange gegeben. Als eine der frühesten Datenbanken kann man vielleicht die Tontafelbibliothek des Assyrerkönigs Assurbanipal (668-626 v. Chr.) in Ninive bezeichnen, in der rund 22.000 Keilschrift-Tontafeln wie Bücher oder Schallplatten in Regalen auf nischenartigen Steinbänken aufgestellt waren. Dank der Entzifferung des Keilschrift-Codesystems (eine Leistung, die noch ohne Computerunterstützung vollzogen werden mußte) können die Texte heute wieder gelesen werden. Im übrigen stellt jede geordnete und gut benützbare Bibliothek wie auch jedes Nachschlagewerk und Wörterbuch eine Datenbank dar.

Auch das Duplizieren gab es damals schon. Man verwendete einen Tonzylinder zum Vervielfältigen von Keilschrifttexten. Gutenbergs Erfindung war ein großer Schritt hin zur heutigen Datenverarbeitung.

Als Code-System für eine Niederschrift kommen in Betracht: Bilder, Zeichen und Symbole, Schriftzeichen für Wörter, Silben und Ligaturen, Einzellaute; Alphabete verschiedenster Art, Morsezeichen, elektromagnetische Aufzeichnungen (vgl. Abb. 1).

Formengeschichtlich gab es zuerst die bildhafte Wiedergabe von Objekten oder Vorgängen. Allmählich haben sich die Bilder durch häufiges und flüchtiges Kritzeln abgeschliffen, sie wurden schematisiert, stilisiert, und als Ergebnis kam ein Zeichen zum Vorschein, das seinen abbildhaften Vorfahren nicht mehr erkennen läßt. Da man schließlich festlegen kann, wieviele und welche Zeichen man für eine neue Schrift oder Kodierung benötigt, kann man auch willkürlich Symbole oder Codes festlegen. In der EDV ging man dennoch bei der Festlegung der seinerzeit neuen NULL-EINS-Schrift nicht willkürlich vor, es wurde nämlich auch die sogenannte lexikalische Sortierwertigkeit berücksichtigt. Lediglich bei der Codierung von Sonderbuchstaben, wie z. B. Umlauten, ist man von der Sortierwertigkeit etwas abgewichen, was dann aber bei der Sortierung selbst einige Mehrarbeit verursacht.

Wir wollen noch die Entwicklung der Datenträger und der Aufzeichnungsverfahren kurz streifen, um auch hier wie bei der Entwicklung der Schrift aufzuzeigen, daß sich das Prinzip im Grunde nicht geändert hat, die Methoden hingegen stets nur an die technischen Gegebenheiten angepaßt worden sind. Sowohl im herkömmlichen als auch im Sinne der Datenverarbeitung sind Datenträger Hilfsmittel, auf denen Daten aufgezeichnet und aufbewahrt werden können. Dabei müssen wir zwischen solchen Datenträgern unterscheiden, die nur vom Menschen, solchen die nur maschinell und solchen die sowohl vom Menschen als auch vom Computer gelesen werden können. Tabelle 1 gibt einen kurzen Überblick über die Entwicklung von Schriften, Datenträgern und Schreibwerkzeugen von der Steinzeit bis heute.

Wenn somit neben den sichtbaren auch nicht sichtbare, nur maschinenlesbare Codes geschaffen worden sind, dann müssen diese internen Codes in sichtbare, wohl auch für das menschliche Auge lesbare und gewohnte Zeichen transformiert werden.

Tab. 1: Schriften, Schreibgeräte, Datenträger

Form der Schrift	Schreib- und Aufzeichnungsgeräte	Datenträger
Knotenschnüre	Knüpfende Hand	Schnur
Kerben	Steinmesser Knochenmesser Metallmesser	Holzstäbe Kerbstäbe Knochen
Bildschrift Wortschrift Silbenschrift Buchstabenschrift	Knochen, Holz, Stein (Naturfarben), Binsen, Schilfrohr, Pinsel, Statel (dreikantig für weichen Ton, Keilschrift), Vogelfeder, Metallfeder, Bleistift, Kugelschreiber, Filzstift, Drucklettern, Schreibmaschinentypen Prägeverfahren	Steine, Kiesel, Holztäfelchen, Tonscherben (Ostraka) Leder, Leinen, Papyrus, Pergament, Metallplatten, Palmblätter, Rinde, Papier, Plastik Verkehrs-, Hinweis- und Signaltafeln
Signalsprache Signalschrift Morse	Flaggensprache Lichtsignale Morseeinrichtung	Bewegung, Gebärde, Licht und Farbe Impuls (lang, kurz)
Binärcodes Lochkarten- und Lochstreifencodes	Schreibkopf zum Magnetisieren Stanzeinrichtung	Magnetband, Magnetplatte, Diskette, Lochkarte, Lochstreifen u.a.
Leuchtschrift (Bilder, Worte, Silben, Alphabet)	Elektronenstrahl Projektion Belichtung	Bildschirm, Film lichtempfindliches Papier (Rollen)

2. WAS IST DATENVERARBEITUNG?

Der große Mann geht seiner Zeit voraus,
der Kluge geht mit ihr auf allen Wegen,
der Schlaukopf beutet sie gehörig aus,
der Dummkopf stellt sich ihr entgegen.
(Eduard von Bauernfeld, 1802-1890)

In diesem Kapitel werden die Grundfunktionen von Datenverarbeitungsanlagen erläutert, so wie sie alle Anwender kennen sollten, egal ob diese im Bibliothekswesen oder in anderen Berufszweigen tätig sind.

Die Verarbeitung von Informationen aller Art wird Datenverarbeitung genannt. Wird diese Verarbeitung mit dem Computer durchgeführt, so spricht man von elektronischer oder automatischer Datenverarbeitung.

Zur Datenverarbeitung benötigt man Daten wie Zahlen und Texte, um mit ihnen Verarbeitungsabläufe verschiedenster Art in unterschiedlicher Reihenfolge durchführen zu können. Meist denkt man beim Wort Datenverarbeitung an die Durchführung von umfangreichen und komplizierten Berechnungen. Doch ist Rechnen nur einer von vielen Datenverarbeitungsprozessen, von denen einige für den Bibliothekar und Dokumentar viel wichtiger als Rechnen sind, obwohl letztlich immer Rechnen dahintersteht:

* einlesen
* registrieren, buchen
* reproduzieren und duplizieren, vervielfältigen
* identifizieren, vergleichen, suchen
* zuordnen, mischen, trennen
* sortieren, ordnen, alphabetisieren
* komprimieren, ändern, erweitern, reduzieren
* rechnen
* messen, steuern, regeln
* schreiben, aufzeichnen, speichern.

Für die Datenverarbeitung mit Texten, wie sie im Informations- und Dokumentationswesen praktiziert wird, kommen alle hier angeführten Operationen in Betracht, auch das Rechnen, wenn auch nicht in dem Ausmaß wie bei naturwissenschaftlich-technischen oder kommerziellen Aufgabenstellungen. Datenverarbeitung bedarf nicht unbedingt eines maschinellen Hilfsmittels. Der Mensch hat schon immer auch ohne Maschinen Datenverarbeitung betrieben, denn alle oben genannten Verarbeitungsschritte lassen sich auch manuell durchführen. Datenverarbeitung hat es schon seit urdenklichen Zeiten gegeben, lediglich die elektronische Datenverarbeitung mit Hilfe des Computers ist jüngeren Datums. Aber auch vor der Erfindung des Computers hat der Mensch schon viele technische Hilfsmittel eingesetzt wie Druck-, Rechen- und Schreibmaschinen auf mechanischer und elektromechanischer Basis.

Die beiden Begriffe **ADV** und **EDV** können wahlweise verwendet werden. Sie kennzeichnen, allerdings mit grundlegenden Unterschieden, **automatische** und **elektronische** Datenverarbeitung, im Vergleich zur Datenverarbeitung schlechthin.

* ADV = Automatische Daten-Verarbeitung
* EDV = Elektronische Daten-Verarbeitung

Wenn Maschinen vor nicht allzulanger Zeit nur in Ausnützung mechanischer Prinzipien wie etwa

Arbeit = Kraft mal Weg

zur Arbeitserleichterung und Unterstützung eingesetzt worden sind, so unterscheidet sich der Computer sehr wesentlich von diesen anderen Maschinen: er dient zur Verbesserung, Beschleunigung und Entlastung intellektueller Arbeitsvorgänge. Der Computer ist also eine Maschine besonderer Art, die zwar zu ihrem Betrieb der elektrischen Energie bedarf, diese Energie aber nicht zur Verstärkung von Kräften, Verformung oder Bewegung von Material, sondern zur enorm beschleunigten Verarbeitung von Daten einsetzt und verbraucht.

Ein Computer neuester Bauart ermöglicht vor allem:

* die nahezu fehlerfreie Verarbeitung großer Datenmengen in sehr kurzer Zeit;

* die Speicherung und Verwaltung von Milliarden von Zeichen;
* hunderttausende bis über mehrere Millionen Additionen oder Subtraktionen in der Sekunde;
* zehntausende von gedruckten Ergebniszeilen pro Stunde.

Es wäre aber nicht sinnvoll, für jedes Problem einen Computer zu benützen, da Zweckmäßigkeit und Wirtschaftlichkeit seinen Einsatz rechtfertigen müssen. Zum Beispiel wäre es sehr umständlich, für die einmalige Lösung einer Aufgabe einen Computer einzusetzen. In einem solchen Fall wäre man mit der Arbeit in konventioneller Weise schon lange fertig, bevor noch das Programm getestet werden könnte. Um ein Programm zu erstellen, ist schließlich je nach Problemstellung ein mehr oder weniger großer Aufwand erforderlich. Dieser Aufwand kann aber nur dann gerechtfertigt werden, wenn das erarbeitete Programm möglichst oft für dasselbe Problem und für eine große Menge gleichartiger Daten zur Anwendung kommt. Es wäre nicht zweckmäßig und wirtschaftlich, ein Informationsprogramm für die Suche nur eines einzigen Buchtitels zu entwickeln, wohl aber um alle anfallenden Benützeranfragen zu recherchieren. Einen Rechner einzusetzen, ist dann wirtschaftlich und zweckmäßig, wenn etwa folgende Voraussetzungen vorliegen:

* große Massen von Daten sollen verarbeitet werden, wie etwa Volkszählungsergebnisse, Wahlergebnisse, Bibliotheks- und Dokumentationsdaten;
* wiederholte Ver- und Bearbeitung derselben Daten: in einem Verlag war z. B. einer der ausschlaggebenden Gründe für den Einsatz der ADV: beim Fakturieren sollte das wiederholte Eingeben der Daten eines Buches durch das automatische Einsetzen dieser Daten aus einer bestehenden Datei der Verlagseditionen ersetzt werden (L-53: Stahlknecht, S. 17);
* Die oftmalige Erfassung derselben Daten kann z. B. durch die wiederholte Verwendung einmal erfaßter Daten ersetzt werden, eine Vorgangsweise, die etwa bei der Katalogisierung desselben Titels an verschiedenen Bibliotheken zu besonderer Effizienzsteigerung führt;
* komplizierte und umfangreiche Rechenoperationen sind z. B. bei

der Durchführung technisch-naturwissenschaftlicher Aufgaben erforderlich;

* es wird eine Art der Verarbeitung gefordert, bei der die Ergebnisse sofort vorliegen müssen, sobald die Daten anfallen oder bestimmte Fragen gestellt werden; dies erfordert eine Real-Time- oder Echtzeit-Verarbeitung, z. B. für folgende Anwendungsgebiete:

– Steuerung von Raumschiffen
– Steuerung von komplex ablaufenden Prozessen
– Platzbuchungssysteme von Flug- und Eisenbahngesellschaften
– Informationssysteme:
  MIS : Management-Informations-Systeme
  BIS : Bibliotheks-Informations-Systeme
  IRS : Information Retrieval Systeme
  SEIS: Strategische Entscheidungs- Informations-Systeme.

3. DER COMPUTER – DIE HARDWARE

Der Computer ist weder eine Wundermaschine noch Teufelszeug, sondern ein technisches Gerät wie viele andere, und es ist durchaus dem Librarian of Congress Dr. Mumford beizupflichten, der sagt, die Bibliotheken werden dieses Gerät ebenso überleben wie die Schreibmaschine, das Telefon und die Buchförderanlage. (Josef Stummvoll u. Josef Mayerhöfer in Biblos. Jg 16. 1967, S. 94.)

In diesem Kapitel werden die materiellen Bestandteile einer Datenverarbeitungsanlage und deren Aufgaben und Wirkungsweisen vorgestellt.

Die englische Bezeichnung Computer geht auf die lateinische Form **computare** zurück, was ganz einfach **rechnen** heißt. Im Altertum und im Mittelalter war für die Vorgangsweise der Kalenderberechnung die Bezeichnung Computus üblich. Im deutschen Sprachgebrauch hat sich sowohl das Wort Computer als auch das Wort Rechner in gleicher Weise eingebürgert.

Um die Einsatzmöglichkeiten eines Computers verständlich zu machen, ist es zweckmäßig, seine Funktionsweise kurz aber anschaulich zu erklären. Es wäre nicht zielführend, jedem Computeranwender die elektronischen Bauteile und Schaltungen in allen Einzelheiten zu erläutern. Es ist weitaus instruktiver, Ähnlichkeiten in der Funktionsweise zwischen Computerbausteinen und allgemein gebräuchlichen Geräten unseres Erfahrungsalltags aufzuzeigen. Eines dieser täglich benützten Geräte ist das Telefon. Wer von uns kennt schon - von einigen Experten abgesehen - das Innenleben eines solchen Apparates? Dies ist auch gar nicht notwendig: wir können auch so ohne Schwierigkeiten telefonieren, wir müssen nur immer die entsprechenden Benützungsvorschriften befolgen, wie sie etwa in einer Telefonzelle in wenigen Anleitungszeilen aufscheinen. Ähnlich ist es bei der Benützung eines Computers. Es genügt, seine wichtigsten Charakteristiken und Funktionsweisen zu kennen und über die Benützung Bescheid zu wissen.

Oft hört man die Wörter Hardware und Software. Im Englischen bedeutet **hard** soviel wie hart und fest, **soft** hingegen weich und sanft. Das, was man beim Computer angreifen kann, ist hart, d. h. die Maschine ist die Hardware. Die Ergänzung zur Hardware bildet die Software, welche die sinnvolle Inbetriebnahme eines Computers erst möglich macht. Die Reihenfolge der Nennung hat einen historischen Grund. In den Anfängen des Computereinsatzes hatte die Hardware absoluten Vorrang, Organisation und Programmentwicklung richteten sich nach der jeweils vorhandenen EDV-Anlage. Wenn auch ein Automationsverfahren ohne Hardware kaum denkbar ist, so hat sich doch allmählich eine Formel herausgebildet, die dem logischen Weg zum EDV-Einsatz entspricht:

* ORGWARE:
  organisatorische Maßnahmen müssen ergriffen und Strukturen müssen für den EDV-Einsatz vorbereitet werden;

* SOFTWARE:
  Ablauf- und Programmkonzepte werden erarbeitet, um die geeignete Hardware für die geplanten Anwendungen auswählen zu können.

* HARDWARE:
  ohne sie geht nichts, aber sie ist nicht mehr wie in den Anfängen der EDV-Anwendung der überwiegend bestimmende Faktor der Orgware und Software.

Der Orgware wird in diesem Zusammenhang kein eigenes Einführungskapitel gewidmet, da Orgware im Bibliotheksbetrieb selbstverständlich unter verschiedenen Gesichtspunkten seit jeher vorhanden ist, z. B. die Regelwerke, die Organisation der Beschaffung, Bearbeitung und Benützung. Allgemeine Grundsätze werden im 6. Kapitel behandelt.

Hardware ist eine in der Datenverarbeitung verwendete Sammelbezeichnung für die maschinentechnische Ausstattung einer EDV-Anlage. Dazu werden sämtliche physisch vorhandenen Geräte und Bauteile gezählt. Das, was man bei der Anlage nicht sehen und angreifen kann, was in elektrischen Impulsen durch das feine Netz von Leitungen und Verbindungen saust, das Programm, das ist die Software.

In der französischen Computerterminologie gibt es Bezeichnungen, die eine noch feinere Gliederung der Thematik erkennen lassen und außerdem vom etymologischen Sinn der Wörter her das Verständnis der Problematik fördert. Selbstverständlich soll hier keine Französischlektion erteilt werden, aber die Wortschöpfungen sind doch sehr aufschlußreich, anders als die fast überwiegende Verwendung englischer Computertermini in deutschsprachigen Texten:

* materiel =	Hardware
* logiciel =	Standardsoftware
* progiciel =	Programmierte Anwendersoftware
* mágiciel =	in der Hardware durch Schaltungen und Mikroprogramme integrierte Software.

Bis um das Jahr 1980 gab es klare Abgrenzungen zwischen den Größenordnungen von EDV-Anlagen. Man sprach von

– Großcomputern (large scale computer, mainframe computer),

– Minicomputern (MDT-Anlagen, d. s. Computer der mittleren Datentechnik, Bürocomputer),

– und Mikrocomputern (Kleincomputer, Personalcomputer, Kompaktrechner, Heimcomputer u. a.).

Infolge der stürmischen Entwicklung der Mikroelektronik sind die bis vor kurzem noch gebräuchlichen Abstufungen der Computerklassen schon überholt. Jedes Jahr müßte die Stufenskala neu überarbeitet und bewertet werden. Allen Größenordnungen gemeinsam ist, daß jede elektronische Datenverarbeitungsanlage im wesentlichen zwei Baugruppen umfaßt:

1) die Zentraleinheit, bekannt auch unter folgenden Abkürzungen und Bezeichnungen:

   ZE: Zentraleinheit
   ZRE: Zentrale Recheneinheit
   CPU: Central Processing Unit
   Prozessor, Mikroprozessor.

2) die Peripheren Geräte (Peripherie, peripheral units), die eine Kommunikation mit der Zentraleinheit erst ermöglichen. Es sind dies

die Geräte der Ein- und Ausgabe und der externen Speicherung von Programmen und Daten.

3.1 DIE ZENTRALEINHEIT

Jeder Computer, ob Mikro-, Mini- oder Mainframe-Computer, besitzt eine Zentraleinheit. Die Zentraleinheit besteht aus folgenden Teilen:

* Arbeitsspeicher oder Hauptspeicher
* Steuerwerk sowie Ein/Ausgabe-Steuerung
* Rechenwerk oder arithmetisch-logische Einheit.

Abb. 2: Bausteine eines Computersystems in schematischer Darstellung

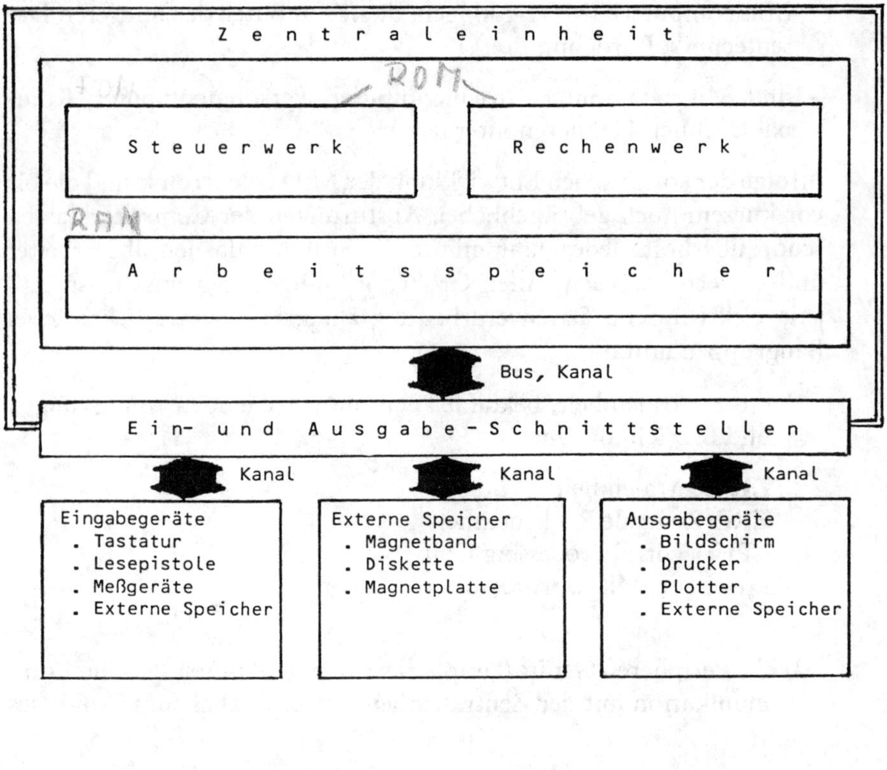

3.1.1 DER ARBEITSSPEICHER ODER HAUPTSPEICHER

Einst war der Arbeitsspeicher als Magnetkernspeicher ausgebildet, in neuerer Zeit jedoch wird er weitgehend von integrierten Speicherelementen auf Schaltkreisen (chips, integrated circuits, IC's) verdrängt. Für jedes **BIT** ist eine winzige, kaum sichtbare Speicherzelle vorgesehen. Beim Magnetkernspeicher waren diese Speicherzellen noch als kleine ringförmige Kerne aus Ferrit auf Drähten in spalten- und zeilenweiser Anordnung zu sehen. Das BIT ist die kleinste Einheit eines Datenspeichers und kann nur zwei Zustände annehmen, nämlich magnetisiert oder nichtmagnetisiert, ja oder nein, Null oder Eins (BIT = BInary digiT = binäre Ziffer).

Bei den als Chip bezeichneten integrierten Schaltelementen können die einzelnen Speicherzellen optisch nicht mehr unterschieden werden. Chips sind kleine, quadratische Halbleiterplättchen von etwa 0,4 mm Dicke und 6 Millimeter Seitenlänge, die in einem IC-Gehäuse (Integrated Circuit) untergebracht sind.

Abb. 3 : Magnetkern und integrierter Baustein (chip)

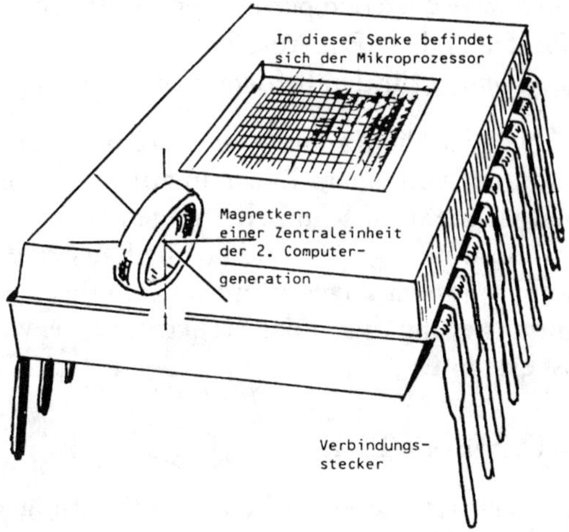

Die Zusammenfassung der kleinsten technisch-informatorischen Einheiten von mehreren Bits zu einem adressierbaren Speicherplatz erfolgt in einem Byte, das je nach Code und Anlagentyp aus 7 oder 8 Datenbits und 1 Prüfbit bestehen kann. Auf diesen Unterschied wird bei der Besprechung der Zeichenvorräte für bibliothekarische Anwendungen noch gesondert aufmerksam gemacht. Der Arbeitsspeicher dient zur Aufnahme von Daten und Programmen, die gerade verarbeitet bzw. durchgeführt werden sollen.

3.1.2 DAS STEUERWERK UND DIE EIN-/AUSGABE-STEUERUNG

Die Zentraleinheit ist den peripheren Geräten übergeordnet. Das Steuer- oder Leitwerk als Teil der Zentraleinheit steuert die Peripherie über entsprechende Befehle. Die Anschlüsse zu den einzelnen Peripheriegeräten werden als Kanäle bezeichnet. Das Steuerwerk hat die Aufgabe, die im Arbeitsspeicher bereitliegenden Maschinenbefehle

1) aus dem Speicher zu lesen (abzurufen),
2) sie zu entschlüsseln,
3) sie in charakteristische Steuersignale umzusetzen
4) und mit diesen Signalen die Tätigkeiten der anderen Rechnereinheiten zu steuern.

Das Steuerwerk leitet und kontrolliert den Datenfluß in der Zentraleinheit sowie auch zwischen den peripheren Geräten der Ein- und Ausgabe und der Zentraleinheit (Ein/Ausgabe-Steuerung). Das Steuerwerk stellt somit die Weichen für den Informationsfluß im Computer.

In neuerer Zeit wurden die Kanäle so weiterentwickelt, daß sie nicht mehr kreuz und quer von einem Baustein zum anderen geführt werden. Sie werden vielmehr zu Sammelleitungen (Sammelschienen, Datenstraßen, Bus) zusammengefaßt und an alle Bausteine als gleichwertige Sender und Empfänger angeschlossen. Vom Bus werden, nach der erstmaligen Initialisierung durch das Steuerwerk, die weiteren Steueraufgaben selbst erledigt.

3.1.3 DAS RECHENWERK

Im Rechenwerk erfolgt die eigentliche Verarbeitung der Daten im Zuge folgender Operationen:

- Additionen,
- Subtraktionen,

- Multiplikationen,
- Divisionen,
- Vergleiche auf 'grösser', 'kleiner' oder 'gleich'. (Alle im Kapitel 2 genannten Verarbeitungsschritte lassen sich auf die hier genannten Grundoperationen zurückführen.)

Steuer- und Rechenwerk greifen so eng ineinander, daß im technischen Aufbau des Rechners oft keine scharfe Abgrenzung zwischen den beiden Bereichen möglich ist. Man bezeichnet beide zusammen auch als Arithmetisch-logische Einheit des Prozessors. Bei anspruchsvolleren EDV-Systemen können Rechenwerk und Steuerwerk auch mehrfach vorkommen. Der Benützer ist in zweierlei Hinsicht an der Zentraleinheit des Rechners interessiert, nämlich:

a) Was kann die Zentraleinheit?

Aufschluß darüber geben Kenndaten, die besonders für Vergleiche verschiedener EDV-Anlagen herangezogen werden sollten:

- Größe des Arbeitsspeichers in K-Byte oder K-Worten (K-Byte = Kilo-Byte = 2 hoch 10 oder 1024 Bytes; 1 Wort ist z. B. 2 Byte oder 16 Bit, aber auch je nach Anlage 4 Byte oder 32 Bit)
- Anzahl und Leistungsfähigkeit der Maschinenbefehle
- Anzahl der Ein- und Ausgabe-Kanäle, d. h. Anschluß-Stellen für periphere Geräte.

b) Wie schnell ist die Zentraleinheit?

Zur Beurteilung dieser Frage dienen folgende Herstellerangaben:

- Geschwindigkeit des Lesens und Speicherns von Informationen im Arbeitsspeicher (Zugriffszeit, Zykluszeit). Die Zykluszeit beträgt heute bei den besten Systemen (CRAY) etwa 10 Nanosekunden;
- die Geschwindigkeit des Rechenwerkes wird nach der Anzahl von Operationen pro Sekunde gemessen. Auch hier gibt es fast unvorstellbare Leistungen, nämlich Anlagen mit mehr als 5 Millionen Operationen pro Sekunde (OPS, MIPS = Millions of Instruction per Second), während eine schnelle Anlage der Fünfzigerjahre „nur" 20.000 OPS leisten konnte;

– Grad der Dezentralisation von Steuerfunktionen im Rechner (Parallelbetrieb-Möglichkeiten).

3.2 PERIPHERE EINHEITEN: GERÄTE DER EIN-/AUSGABE UND DER SPEICHERUNG

Periphere Geräte sind wichtige Bausteine, die an eine Zentraleinheit angeschlossen werden. Die EDV-Anlage wird erst durch Verbindungen der Zentraleinheit mit den Ein- und Ausgabegeräten richtig betriebsbereit, da diese Geräte für die Kommunikation zwischen Rechenmaschine und Benutzer sorgen. Zur Peripherie zählen sämtliche Geräte einer EDV-Anlage, welche sich außerhalb der Zentraleinheit befinden, aber mit ihr über Kanäle verbunden sind. Periphere Einheiten sind:

* Eingabeeinheiten (input devices)
* Ausgabeeinheiten (output devices)
* Externe Speichergeräte (external storage, input-output devices).

3.2.1 EINGABEEINHEITEN (INPUT DEVICES)

Die Eingabegeräte besorgen den Transport der Programmanweisungen und Daten in den Speicher. In Abhängigkeit vom vorliegenden Datenträger werden u.a. folgende Geräte zur Dateneingabe (Einlesen) verwendet:

* Kartenleser
* Lochstreifenleser, Lochstreifenkartenleser
* Belegleser, Klarschriftleser, Markierungsbelegleser
* Datenstationen mit Eingabe-Tastatur (Terminals, Bildschirm- Bildschirmgeräte, Keybords)
* Einheiten für Magnetbänder und Magnetbandkassetten
* Einheiten für Disketten (Floppy Disks, Flexible Disks, Flexy in 3, 3.5, 5.25 und 8 Zoll-Format)
* Einheiten für Wechselplatten sowie Festplatten in Winchester-Technologie und Bildplatten
* steck- und auswechselbare Speichermodule als Festwert- oder Schreib/Lese-Speicher (RAM), ohne bewegliche Zugriffsteile (z. B.

Magnetblasenspeicher: bubble memory, RAM-Chips)

* Ausweis- und Etikettenleser für Strichcode und maschinenlesbare Schriften wie OCR-A und OCR-B (gelesen wird mit Lichtstiften und Lesepistolen)
* Magnetkartenleser.

Einige dieser Geräte - z. B. Magnetbänder, Platten und Disketten dienen auch als Ausgabeeinheiten, vor allem, wenn die ausgegebenen Daten für eine Wiederverarbeitung über dieselbe periphere Einheit wieder eingelesen werden sollen.

3.2.2 AUSGABEEINHEITEN (OUTPUT DEVICES)

Die Ausgabegeräte übernehmen vom Speicher die Ergebnisse der Programmverarbeitung. Die vom Rechner erarbeiteten Ergebnisse bzw. verarbeiteten Daten werden in graphischer oder in wiederum maschinenlesbarer Form ausgegeben (Output). Die gewünschte Ausgabeform bestimmt die zu verwendenden Ausgabegeräte:

* Drucker und Zeichengeräte (Plotter oder x-y-Schreiber) dienen der graphischen Ausgabe, dazu kann auch die Zwischenausgabe auf Magnetband oder Platte für die Steuerung von Fotosatzanlagen gezählt werden. Eine sehr häufig verwendete Ausgabeeinheit ist der Schnelldrucker. Die Druckausgabe erfolgt zeilenweise und erreicht Ausgabegeschwindigkeiten zwischen 12.000 und 70.000 Zeilen in der Stunde. Die Daten werden auf Endlosformularen in Listenform gedruckt.

* COM: Computer Output on Microfilm. Obwohl noch immer leistungsfähigere Schnelldrucker (z. B. Thermo-, Tintenstrahl- und Laser-Drucker) entwickelt werden, hat bereits ein besonders leistungsfähiges Ausgabeverfahren eine große Bedeutung erlangt: COM. Die Datenausgabe geht dabei nicht nur um vieles schneller, sie ist auch in der Archivierung um vieles platzsparender und billiger. So steht z. B. einem riesigen Papierberg kumulierter Bandkataloge der siebziger Jahre heute nur mehr ein Päckchen Mikrofiches gegenüber, das etwa so groß und dick wie ein Bändchen aus der Sammlung Göschen ist. COM kann zwar nicht den papierlosen Geschäftsgang und Arbeitsplatz schaffen, doch leistet der Einsatz dieses Verfahrens einen wesentlichen Beitrag dazu, daß der Output der Informationsverarbeitung manipulierbar und bezahlbar bleiben wird. Damit einherge-

hend taucht auch das Problem der Archivierung von Mikrofilmen auf, das in der beschränkten Lebensdauer und der notwendigen Bereitstellung von Lese- und Rückvergrößerungsgeräten besteht.

* Ausgabe in maschinell wieder lesbarer Form: Daten, die über Kartenstanzer, Lochstreifenstanzer und externe Speichermedien (Magnetband, Platten, Kassetten, Disketten) ausgegeben werden, können für eine weitere und wiederholte Verarbeitung ohne neuerliche Datenerfassung von der entsprechenden peripheren Einheit wieder eingelesen werden.

* Ausgabe auf laseroptische Bildplatten: diese Form der Speicherung wird in Zukunft allen Formen der Verfilmung (COM, Microfiche und Mikrofilm) überlegen sein und diese allmählich ersetzen.

* Dialogausgabe: Bildschirmgeräte ermöglichen einen Dialog mit dem Computer. Damit können die Ergebnisse sichtbar gemacht werden, ohne daß es zunächst notwendig ist, einen Berg Papier zu bedrucken.

3.2.3 EXTERNE SPEICHERGERÄTE UND DIE ZUGEHÖRIGEN DATENTRÄGER (vgl. auch Pkt. 5.)

Neben dem Hauptspeicher des Computers (Zentraleinheit, Arbeitsspeicher) stehen einer leistungsfähigen Datenverarbeitungsanlage externe bzw. periphere Speichereinheiten zur Verfügung, in denen Daten und Programme für den Rechner zugriffsbereit und langfristig aufbewahrt werden. Im folgenden ist also sowohl von den maschinenlesbarenDatenträgern als auch von den Geräten die Rede, mit deren Hilfe diese Datenträger gelesen und auch beschrieben werden können. Die am häufigsten verwendeten externen Speichermedien bzw. Datenträger sind:

- Magnetband
- Magnetbandkassette (Sicherungs-Bandkassetten, tape backup)
- Magnetplatten (Fest- und Wechselplatten kombiniert)
- Disketten (flexible Magnetplatten, floppy disks)
- Winchester-Platten, Wechsel-Winchesterplatten
- laseroptische Bildplatten
- Magnetblasenspeicher (bubble memory)
- ansteckbare Halbleiterspeicher-Module (RAM- und ROM-Module).

Folgende Merkmale externer Speichergeräte sollen hier kurz erörtert werden:

* Speicherkapazität
* Speicherorganisation
* Zugriffszeit zu den gespeicherten Daten
* Datenrate der Übertragung vom externen Medium in den Zentralspeicher.

<1> Speicherkapazität
Die schnelle technische Entwicklung hat zu einem raschen Kapazitätswachstum externer Speichermedien geführt und damit auch zu einer Verkleinerung in den Abmessungen der Geräte und Datenträger. Eine Diskette von 8 Zoll Durchmesser faßte anfangs etwa 250.000 Zeichen. Nunmehr gibt es bereits Minidisketten von 3.5 Zoll Durchmesser mit mehr als 1 Million Zeichen Speicherkapazität. Wichtiger ist aber die Kapazität für Informationsspeicher großer Datenmengen. Die Technik konnte mit dem zunehmenden Bestand maschinenlesbarer Bibliotheksdaten Schritt halten und es bestehen diesbezüglich keine Barrieren wie noch vor einigen Jahren.

In der folgenden Tabelle wird eine Vergleichsübersicht einiger Speichermedien geboten:

Tab. 2: Übersicht über einige Speichermedien

Speichermedium	Kapazität in Bytes (Zeichen)	Durchschnittliche Zugriffszeit
Zentraleinheit	64 000–16 Mill.	0,000001 Sek.
Lochkarte	80–96 Zeichen	1 Sekunde
Magnetband	40 Millionen	100 Sekunden
Magnetbandkassetten	200 000–400 000 Zeichen	100 Sekunden
Diskette	70 000 bis 2,4 Mill.	0,3 Sekunden
Magnetplatte	2 Mill.– 800 Mill.	0,04 Sekunden
Laserplatte, Bildplatte	2 Milliarden Zeichen	1–3 Sekunden

<2> Speicherorganisation
Sämtliche zur Verarbeitung dieser Speichermedien vorgesehenen Geräte stehen über Kanäle (elektrische Leitungen) mit der Zentraleinheit in Verbindung, und da der Hauptspeicher des Rechners selbst relativ beschränkt ist, wird ein Großteil der Daten auf den externen Medien gespeichert. Dabei ist zwischen Direktzugriffsspeichern und sequentiellen Speichern zu unterscheiden. Bei einem Direktzugriffsspeicher wird jeder logische Datensatz an einer bestimmten Stelle mit einer individuellen Adresse gespeichert. Dadurch kann der Datensatz auf dem externen Speicher sehr schnell gefunden und der Zentraleinheit zur Verarbeitung bereitgestellt werden. Platten, Disketten und Magnettrommeln sind Direktzugriffsspeicher, während Magnetbänder und Magnetbandkassetten sequentielle Speicher darstellen. Die einzelnen Datensätze werden bei einem Direktzugriffsspeicher so angeordnet, daß die Auffindung und Lokalisierung jedes Datensatzes ohne aufwendige Recherche bestimmt werden kann. Die Datensätze können direkt gelesen oder geschrieben werden, und zwar wesentlich rascher als bei sequentieller Reihenfolge.

<3> Zugriffszeit und Datenrate
Die Einsatzfähigkeit eines modernen Massenspeichers für eine bestimmte Anwendung wird nach der mittleren Zugriffszeit und der Datenübertragungsrate beurteilt. Dies gilt sowohl für den Zugriff zum Lesen als auch für den zum Schreiben. Die Zeit, die zwischen der Anforderung der Daten und der Zurverfügungstellung im Speicher vergeht, wird Zugriffszeit genannt, wobei das Aufsuchen der Daten an einer ganz bestimmten Stelle des Speichermediums eine besondere Rolle spielt. Je nach physischer und logischer Speicherorganisation kann diese Zeit zwischen Mikrosekunden für magnetische und Halbleiterspeicher, bis zu Minuten bei langen Magnetbändern und bis zu Stunden bei der Bereitstellung von Büchern in Bibliotheken betragen (s. Tab. 2).

An dieser Stelle sei das Speichermedium kurz beschrieben, das auch dem Bibliothekar in nächster Zeit direkt am Arbeitsplatz häufig begegnen wird: die Diskette.

3.2.4 DIE DISKETTE ALS EXTERNER DATENSPEICHER

Eine Diskette ist eine sehr dünne, flexible Kunststoffplatte (floppy disk), die wie ein Tonband mit einer magnetisierbaren Metalloxydschichte belegt ist. Die Daten werden auf der Diskette in ringförmigen Spuren sektorenweise aufgezeichnet, indem diese Schichte in bestimmter Weise durch einen **Schreibkopf** magnetisiert wird; von einem **Lesekopf** kann sie dann wieder gelesen werden.

Abb. 4: Die Diskette

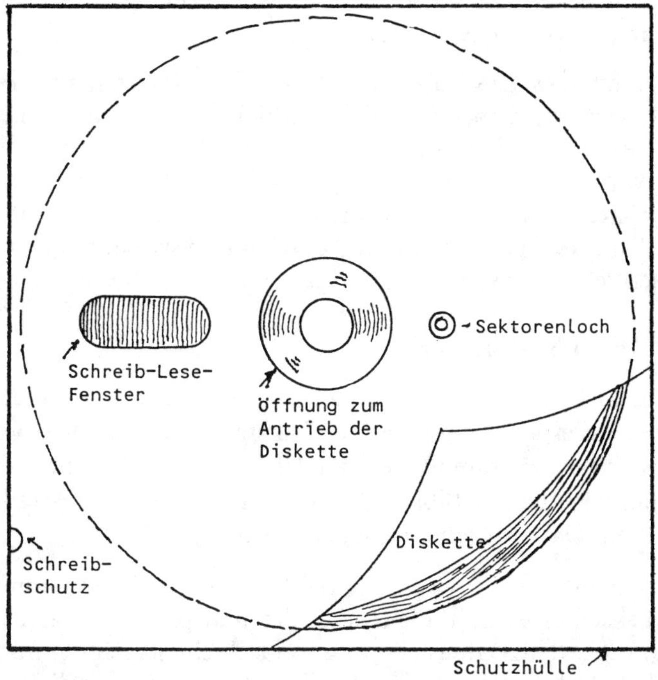

Zum Schutz der sehr empfindlichen Diskette ist diese von einer quadratischen Schutzhülle fest umschlossen. Darin verbleibt sie auch während des Betriebes, wobei sie ständig rotiert. An einer bestimmten Stelle befindet sich je nach Modell ein oval-längliches Fenster, um dem Schreib-Lese-Kopf das Schreiben und Lesen der Informationen zu ermöglichen. In der Mitte der Hülle befindet sich eine runde Öffnung für den rotierenden Antrieb der Diskette.

Es gibt Disketten in unterschiedlichen Größen und zwar zu 3, 3.5, 5.25 und 8 Zoll Durchmesser. Je nach Ausstattung des Diskettenlaufwerkes gibt es auch unterschiedliche Aufzeichnungskapazitäten je Diskette. Dies hängt davon ab, ob das System mit sogenannter einfacher oder doppelter Aufzeichnungsdichte und mit einseitiger oder doppelseitiger Aufzeichnung arbeiten kann.

Die Diskette ist ein billiger und relativ zuverlässiger Massenspeicher für den Datendirektzugriff. Im Bibliothekswesen wird sie in den letzten Jahren immer häufiger als Datenträger in programmgesteuerten Datenerfassungssystemen für die Katalogisierung eingesetzt. Nahezu jeder Kleincomputer und jedes Textsystem verfügt heute über leistungsfähige Diskettenstationen.

Man schätzt, daß 1985 über 600 Millionen Disketten aller Formate verkauft werden, wobei natürlich die kleinsten Formate zunehmend größere Anteile erobern werden, während ihre Speicherkapazitäten ebenso wachsen werden. Als unerfreulicher Umstand erweist sich beim Einsatz der Disketten im Informationswesen die Tatsache, daß eine Vielzahl von Formaten und Aufzeichnungsvarianten den Datenaustausch sehr erschwert.

3.2.5 DIE FESTPLATTE

Zunehmend häufiger werden Kleincomputer auch mit nahezu wartungsfreien Festplatten (Winchester disks) ausgestattet. Diese verfügen über Speicherkapazitäten zwischen 10 und 100 Millionen Zeichen. Damit können kleinere Bibliotheken und Dokumentationsstellen ausreichend mit Datenspeicher versorgt werden.

Neben den bisher nicht wechselbaren Festplatten gibt es nunmehr bereits Wechselkassetten, die ein schnelles und problemloses Kopieren zum Zwecke der Datensicherung und Archivierung ermöglichen. Schließlich wollen viele Anwender ihre Festplatten für die Verarbeitung verschiedener Datenbestände einsetzen. Ein weiteres Einsatzgebiet haben sich die Festplatten als Baustein von Dateimaschinen erobert, da sie dafür wegen der kurzen Zugriffszeiten sehr gut geeignet sind.

3.2.6 DIE OPTISCHE BILDPLATTE (LASEROPTISCHE PLATTE, COMPACT DISK, VIDEODISC) (vgl. L-9 Chauveinc; L-61 Stock)

Größere Speicher- und Entwicklungsmöglichkeiten für das Informationswesen bietet die bereits im Einsatz befindliche optische Bildplatte, für die sich in nächster Zukunft ungeahnte Anwendungsmöglichkeiten ergeben werden. Es ist nicht nur Zukunftsmusik der Unterhaltungselektronik, was die optische Bildplatte speichern kann, sondern auch digitalisierte Daten aus allen Bereichen des Informations- und Dokumentationswesens. Über den Einsatz in Bibliotheken liegen noch zu wenig Informationen vor.

Die optische Speicherplatte, oft auch Bildplatte (videodisk) genannt, arbeitet bei Aufzeichnung und Wiedergabe der gespeicherten Daten mit Lasertechnik. Bilder von Gegenständen, sowie Text- und Abbildungsseiten werden in komprimierter Form so aufgezeichnet, daß eine doppelseitige optische Speicherplatte von 12 Zoll Durchmesser die sehr große Datenmenge von 2 Gigabyte aufnehmen kann. Das entspricht 2 * 10 hoch 9 oder rund 2 Milliarden Zeichen, oder bezogen auf digitalisierte Texte etwa 500.000 Seiten DIN A4 mit etwa 5 Millionen Titelaufnahmen.

In Anlehnung an die enorme Speicherkapazität nennt die Herstellerfirma Thomson-France ihr Produkt Gigadisc GC 1001. Ihr wird eine Lebensdauer von 10 Jahren bescheinigt, was natürlich für Bibliotheken viel zu wenig ist. Doch ist bereits für sehr lange Haltbarkeit vorgesorgt. Es ist möglich, weitere Kopien auf plastischem Material herzustellen, die jeweils wiederum 10 Jahre halten, aber auch Kopien auf metallischen Datenträgern mit annähernd unbegrenzter Lebensdauer. Es ist naheliegend, daß man die metallischen Platten für dauerhafte Faksimile-Aufzeichnungen verwenden wird. Chauveinc (L-9) gibt Werte von 100 Jahren für PVC-Platten und 10000 Jahre für Nickel-Matrizen an. Die Frage ist nur, ob auch die Gerätehersteller sich so verhalten, daß die Datenträger auch noch in hundert Jahren verwendet werden können?

Als erste Stufe wurde die nichtlöschbare Bildplatte entwickelt. Sie befindet sich bereits im Einsatz für die Aufzeichnung und Wiedergabe von Informationen, die nicht verändert werden müssen. Da jedoch gerade auf dem Sektor des Informationswesens die Verfügbarkeit an mehrmals lösch- und beschreibbaren Massenspeichern als conditio sine qua non angesehen wird, konnten Materialien gefunden bzw. entwickelt werden, die auch löschbare optische Speichermöglichkeiten bieten.

Gerade die enormen Speicherkapazitäten und kurze Zugriffszeiten machen diese neue Technologie für das Bibliotheks- und Informationswesen so attraktiv. Da hier nicht über technische Details in aller Breite die Rede sein soll, mögen knappe Hinweise über das Funktionieren der Laserplatte genügen: Es handelt sich um ein elektro-optisches Aufzeichnungssystem, das auf die Oberfläche einer rotierenden Scheibe von der Größe einer Langspielplatte mit Hilfe eines Laserstrahls mikroskopisch kleine Vertiefungen einbrennt. Dabei werden die Bildpunkte einer DIN-A4-Seite in einen binären Datenstrom von etwa 4 Millionen bits umgewandelt, sodann auf etwa 6-8% des ursprünglichen Volumens komprimiert. Mit einer Laseroptik wird die Information wieder von der Platte gelesen, die je nach Aufzeichnungsart auf einem Fernsehschirm oder einem Computer-Bildschirm wieder sichtbar gemacht wird. Da mehrere Plattenlaufwerke gekoppelt werden können, ist es möglich Speicherkapazitäten bis zu sehr großen Datenmengen von mehreren Hundert Gigabyte zu erreichen.

Der für das Informationswesen bedeutende Schritt nach vorn liegt vor allem in der Möglichkeit, nicht nur digitalisierten Text, Bilder und Musik zu speichern und wiederzugeben, sondern in der Kombination mit Computern verschiedenster Hersteller, die über bibliographisch-dokumentarische Datenbanken einen hervorragenden Retrieval-Dienst bieten. Es werden nämlich nicht nur die bibliographischen Zitate, sondern auch gleich die gespeicherten Originalinformationen bereitgestellt, also Aufsätze, hervorragende Videoaufzeichnungen von Handschriften und Unikatdokumenten, Bilder und Musik. Das Programmsystem ISR (Information Storage and Retrieval) im Rahmen des MEGADOC-Systems dient zur Speicherung und Wiederauffindung der gespeicherten Dokumente. Dabei wird jedes Dokument durch ein Primär- und Sekundärdokument festgehalten. Das Originaldokument bzw. dessen Faksimileaufzeichnung ist das Primärdokument. Das Sekundärdokument wird durch eine Dokumentbeschreibung in Form einer kategorisierten Titelaufnahme gebildet, wobei natürlich auch andere als bibliographische Kategorien existieren müssen, wenn man gleichzeitig Aufnahmen für Akten, Zeichnungen, Bilder, Musik und Sprache erstellen will.

Die Übernahme der Daten in das MEGADOC-System erfolgt in zwei logischen Schritten. Zuerst wird das Original faksimile-digitalisiert und auf die Bildplatte aufgezeichnet. Dabei kann man als Original eine einzelne Seite aber auch ein ganzes Buch und alle möglichen Zwischenwerte verstehen, wie Aufsätze, Kapitel u. dgl. Dann werden in Dialogschritten die Beschreibungselemente für eine Datenaufnahme des Sekundärdokumentes erfaßt, die dann im MEGADOC-System mit den Faksimileaufzeichnungen verknüpft werden. Bei der Dokumentensuche werden die beiden Schritte in umgekehrter Reihenfolge gesetzt. Auf Grund einer Recherche in den Sekundärdokumenten (Dokumentbeschreibungen) kann das Retrievalsystem ISR die Faksimileaufzeichnungen aufsuchen und auf den entsprechenden Ausgabegeräten bereitstellen.

Die Sicherheitsverfilmung, Magazinierung und Verwaltung verschiedenster Informationsbestände werden mit Hilfe der neuen Technologie neue Organisationsformen beschreiten und erhalten.

Die Wiedergabe der gespeicherten Informationen erfolgt auf hochauflösenden Bildschirmen oder auf Faksimile-Druckern mit hoher Grafikqualität. Auf diese Weise werden die neuen Organisationsformen auch die Benützung entscheidend beeinflussen. Der Komfort für Leser wird so weit gehen, daß über ein Retrievalsystem alle Seiten von Handschriften, die kolorierte und illuminierte Initialen eines M enthalten, rasch aufgefunden und in hervorragender Farbqualität über einen Terminalkopierer zum Mitnehmen ausgedruckt werden können.

Die Speicherung von Texten in digitalisierter Form ist bereits weitgehend gelöst, sogar so, daß bereits wie bei Diskette und Magnetplatte die Aufzeichnungen geändert und gelöscht werden können. Die bisherige Hintanstellung der Speicherung von Farbkomponenten ist vor allem im zusätzlichen enormen Speicherbedarf begründet. Selbstverständlich wird die Kombination verschiedenster Aufzeichnungsarten für Musik, Sprache und Film in Verbindung mit Suchsystemen einen noch höheren Grad der Vollkommenheit erreichen.

Die Verdrängung der Verfilmung auf Mikrofiche und Mikrofilm durch laseroptische Systeme ist bereits im Gange, nachdem die Pressedatenbanken von New York Times und Gruner + Jahr (Hamburg) die bisher verwendeten Microfiche-Automaten durch optische Speichersysteme ersetzen. In absehbarer Zeit werden AV-Medien auf herkömmlichen Datenträgern wie Microfiche, Film und Tonband bzw. Schallplatte mehr und mehr vom Datenträger Bildplatte abgelöst werden.

3.3 VERGLEICHE ZWISCHEN DEN LEISTUNGEN DES MENSCHLICHEN GEHIRNS UND DENEN EINES RECHNERS

<1> Fortpflanzungsgeschwindigkeiten der Signale
Signale pflanzen sich in den menschlichen Nervenfasern mit einer Geschwindigkeit von etwa 100 m/sec fort; in den elektrischen Leitungen einer Rechenanlage dagegen mit annähernder Lichtgeschwindigkeit (300.000 m/sec).

<2> Aufnahmegeschwindigkeiten
Das Gehirn des Menschen ist imstande, pro Sekunde etwa 30 Bits an Information aufzunehmen. Daher könnte ein Mensch am Ende seines Lebens maximal 50-70 Milliarden Bits aufgenommen haben. Ein Computer hingegen nimmt z. B. über die Magnetbandleseeinheit etwa 1 Million Bits pro Sekunde auf, also in etwa 10 Minuten jene Menge an Bits, die ein Mensch in der Gesamtzeit seines Lebens aufnehmen könnte.

<3> Speicherfähigkeiten
Im Gehirn des Menschen könnten theoretisch bis zu 10 hoch 15 (= 1 Billiarde) Bits gespeichert werden. In den derzeit größten Rechenanlagen faßt der Arbeitsspeicher jedoch nur einige Milliarden Bits. Auf dem gleichen Fassungsraum des menschlichen Gehirns haben etwa 100 Millionen mal mehr Bits Platz als in einem der derzeit bekannten technischen Speicher.

<4> Arbeitsgeschwindigkeit
Der Computer ist zwar in der Lage, bis zu mehreren Millionen Operationen in der Sekunde durchzuführen, zumindest die leistungsfähigsten von ihnen, ein trainierter Mensch vielleicht 1-3 einfache Additionen pro Sekunde. Auf dem Gebiete der vielfältigen Erfassung von Sin-

neseindrücken und deren Umsetzung in schnelle Reaktionen und der Assoziationen wird der Mensch wahrscheinlich nie von einem Computer eingeholt werden.

<5> Energieverbrauch

Der Energieverbrauch moderner Speicher ist rund 10.000 mal höher als der des menschlichen Gehirns. Außerdem ist das menschliche Gehirn von einer außenstehenden Stromquelle unabhängig. Andererseits muß aber auch gesehen werden, daß der Energieverbrauch von EDV-Anlagen für bibliothekarische Arbeiten wesentlich geringer ist als für konventionelle Bibliotheksarbeit. EDV-Anwendung mit modernen und papiersparenden Geräten ist energie- und umweltbewußt. Bei zahlreichen konventionellen Bibliotheksarbeiten wie Katalogisierung und Ausleihe wird viel Papier beschrieben, eingeordnet und wieder ausgeschieden. Geringerer Papierverbrauch bedeutet weniger Holzschlägerungen, weniger Ablaugen in unseren Flüssen und sehr wenig Energieverbrauch bei Herstellung und Beschriftung. Für den Aufwand der physischen Produktion eines Katalogzettels in einer Papierfabrik kann man etwa 100 Titeleintragungen am Bildschirm bearbeiten und sichten.

merkwürdige
Argumentation
wie bei Strom
(als Sekundärenergie)

4. DAS BETRIEBSSYSTEM – DIE SOFTWARE

Man muß klar erkennen, daß der Computer ein syntaktisches Gerät ist, ein Regelbefolgungssklave für mechanische Abläufe, dessen perfekte Arbeit sich auf die Form beschränkt, während Inhalt und Sinn vom Menschen ausgehen und beim Menschen enden. (Heinz Zemanek in der Computerwoche v. 16. 5. 1980, S. 6.)

In diesem Kapitel wird das nichtmaterielle Innenleben eines Computersystems, nämlich das Betriebssystem sowie Programme und Programmiersprachen behandelt.

Zur Lösung einer Aufgabe mit Hilfe einer Datenverarbeitungsanlage benötigt man

* den Rechner
* das Programm
* und Daten.

In den beiden ersten Begriffen kommt auch die Zweiteilung zum Ausdruck, die mit den beiden englischen Ausdrücken Hardware und Software treffend bezeichnet wird. Wie bereits erwähnt, ist Hardware alles, was zur technischen Ausrüstung gehört (Schränke, Gestelle, Mechanik, elektronische Bausätze und Module, Verdrahtung, Laufwerke, Tastatur, Bildschirm usw.). Im Gegensatz dazu umfaßt die Software das nicht „Greifbare“, also das, was gedanklich erarbeitet und niedergeschrieben wurde (schriftliche Unterlagen, Verfahrensbeschreibungen, Programme und Programmbeschreibungen). Bevor die entsprechende Software zur Verfügung steht, kann ein Computer nicht in Betrieb genommen werden. Er steht gleichsam da wie ein Auto ohne Fahrer. Daher ist es auch eine sehr billige Ausrede mancher EDV-Fachleute, wenn sie für alle Fehler, die nicht durch Stromausfall oder technische Gebrechen, sondern durch fehlerhafte Programme und Bedienungsmängel verursacht sind, dem Computer die Schuld zuschieben. Jedes Computersystem ist so gut wie das Betriebssystem und die Programme, die auf ihm verarbeitet werden.

Die Software hat im Zuge der technischen Entwicklung der Datenverarbeitung gegenüber der Hardware an Bedeutung stark zugenommen. Bis zum Ende der 80er Jahre wird sich das Kostenverhältnis Hardware zu Software auf 10 zu 90 verschieben. Die hohen Softwarekosten beruhen überwiegend darauf, daß die Erstellung der Software - als in Programmen und Festprogrammbausteinen fixierte Gedankenarbeit - von ständig steigenden Personalkosten abhängig ist und noch nicht so automatisiert werden kann, wie die Massenproduktion von EDV-Bausteinen. Nach dieser Zeit wird der Trend jedoch wieder rückläufig sein, da immer mehr übertragbare Software verfügbar sein wird, wie sich dies bereits auf dem dem Sektor der Kleincomputer deutlich bemerkbar macht.

Wichtigster Bestandteil der Software ist das Betriebssystem des Rechners. Es ist dies eine Sammlung von verschiedenen Programmen, die vom Computer-Hersteller zusammen mit der Maschine zur Verfügung gestellt werden und die für den Betrieb der EDV-Anlage unbedingt erforderlich sind. Die einzelnen Programme des Betriebssystems, die Systemprogramme, zerfallen funktionsmäßig in drei Großgruppen, wie sie nachfolgend beschrieben werden.

4.1 DIE DREI FUNKTIONSBEREICHE DES BETRIEBSSYSTEMS

4.1.1 GRUNDPROGRAMME

Grundprogramme sind im wesentlichen Steuerprogramme, welche vor allem das Bedienungspersonal (Operateure, Operatoren) entlasten und z. B. die Koordination des gleichzeitigen oder aufeinanderfolgenden Ablaufes mehrerer Programme überwachen und steuern. Die Aufgaben dieser auch als Steuerprogramme bezeichneten Grundprogramme sind:

Auftragsverwaltung

– Vorbereitung der Programmausführung (Job-Management);
– Ausführung der Instruktionen (Task-Management);

Prozeßverwaltung

– Verwaltung und Steuerung des Datenflusses (Daten-Management);
– Sicherung des Betriebsablaufes.

Bei Kleincomputern haben sich Betriebssysteme durchgesetzt, die den Benützer, der in diesem Falle meist Operator und Anwender in einer Person ist, bei allen Systemoperationen im Dialog unterstützen. Mit dem Aufkommen von Dateimaschinen und Druckersystemen in einem sogenannten lokalen Netzwerk, werden auch bestimmte Teile des Betriebssystems auf diese Netzwerkkomponenten übertragen, wo sie nahezu selbständig ablaufen. Die am meisten verbreiteten Betriebssysteme für Kleincomputer in 16-Bit-Architektur sind MS-DOS, CP/M-86 und UNIX.

4.1.2 ÜBERSETZUNGSPROGRAMME FÜR PROGRAMMIERSPRACHEN

Programmiersprachen sind in der Regel der menschlichen Sprache angepaßt. Sie müssen in die Maschinensprache des Rechners übersetzt werden. Solche Übersetzungsprogramme werden je nach verwendeter Programmiersprache unterschiedlich bezeichnet:

* **ASSEMBLER** für maschinenorientierte Programmiersprachen

* **COMPILER** für problemorientierte Programmiersprachen und deren vollständige Umwandlung in ein ablauffähiges Maschinenprogramm

* **INTERPRETER** für das Einlesen und Ausführen eines Quellprogrammes in einem Arbeitsgang, ohne ein später wiederverwendbares Maschinenprogramm zu erzeugen.

* **INTERPRETER/COMPILER** für eine besonders komfortable Möglichkeit der Programmentwicklung. Dabei wird ein Programm zunächst mit dem Interpreter entwickelt und bis zur Produktionsreife ausgetestet. Im Anschluß daran kann das Quellprogramm compiliert werden, sodaß es weniger Speicherplatz benötigt und um vieles schneller läuft.

Für jede höhere Programmiersprache muß ein Übersetzungsprogramm verfügbar sein, da nur dadurch das in dieser Programmiersprache geschriebene Programm auf einer Datenverarbeitungsanlage eingesetzt werden kann.

4.1.3 DIENSTPROGRAMME

Sie dienen z. B. der Erstellung und Sicherung von Programm- und Datei-Archiven auf externen Speichergeräten oder zur Manipulation großer Datenmengen, wie etwa Sortier- und Misch-Programme. Diese unter 4.1.1 bis 4.1.3 genannten Systemprogramme stellen eine echte Ergänzung des technischen Systems (der Hardware) dar und gewährleisten erst den wirtschaftlichen Einsatz von Datenverarbeitungsanlagen.

Bestimmte Systemprogramme - besonders Grundprogramme - befinden sich ständig in einem Teil des Arbeitsspeichers (residentes Betriebssystem). Der übrige Teil befindet sich auf Abruf in einem peripheren Speicher (Platte, Band oder Diskette), um den wertvollen Arbeitsspeicher nach Möglichkeit für Benützerprogramme verfügbar zu halten.

4.2 DAS PROGRAMM – DIE PROGRAMMIERSPRACHEN

Bevor ein Computer nützliche Arbeiten verrichten kann, muß er damit beauftragt werden, welche Verarbeitungsschritte er ausführen soll. Computer verstehen weder Englisch noch irgendwelche andere menschliche Sprachen; diese wären wegen ihrer Mehrdeutigkeiten und versteckten Bedeutungen als Computersprachen zur eindeutigen Beschreibung von Programmabläufen nicht geeignet. Eine Programmiersprache muß so beschaffen sein, daß sie präzise Instruktionen und exakte Reihenfolge zur Beschreibung von Programmen erlaubt. Um die Kommunikation zwischen Mensch und Maschine zu erleichtern, wurden sehr viele Programmiersprachen entwickelt.

Zur Ausführung von Aufgaben unterschiedlichster Art sind die einzelnen Arbeitsschritte jeweils in einer Reihenfolge festzulegen. Diese vorgegebene und nachvollziehbare Regelung (z. B. Bedienungsanleitung für ein Gerät oder Regel für Durchführung einer Division) nennt man Algorithmus. Wenn ein solcher Algorithmus in einer Programmiersprache für einen Computer aufgezeichnet wird, dann spricht man von einem Programm (s. a. Kapitel 6).

Was ist ein Programm?
Ein Programm ist eine sinnvoll zusammenhängende Folge von Anweisungen an den Computer, durch die ihm mitgeteilt werden soll

– welche Daten zur Verarbeitung heranzuziehen sind,
– welche Verarbeitungsschritte mit den Daten durchzuführen sind,
– welche Daten mit Hilfe welcher Ein- und Ausgabegeräte einzulesen bzw. auszugeben sind.

Jede Anweisung veranlaßt den Computer zur Durchführung eines oder mehrerer Arbeitsschritte. Stets hängt die Qualität der Ergebnisse der Datenverarbeitung ab von der

– Qualität der eingegebenen Daten (Mist hinein - Mist heraus; oder englisch: Garbage in - garbage out, abgekürzt: GIGO)
  und von der
– Qualität und Richtigkeit des Programmes.

Keinesfalls besorgt der Computer von sich aus die Richtigstellung falscher Daten. Beim Programmieren werden

– Befehle (Kommandos, commands, Systembefehle, Steuerbefehle) und
– Anweisungen (Instruktionen, Programmbefehle) unterschieden.

Die Anweisungen eines Programmes zerfallen im wesentlichen in folgende Funktionsgruppen:

<1> Kommentaranweisungen dienen zur Erläuterung des Programmes und machen einen beträchtlichen Teil der Programmdokumentation aus.

<2> Vereinbarungsanweisungen dienen dem Computer als Zusatzinformation, damit er bestimmte Anweisungen entsprechend durchführen kann.

<3> Eingabeanweisungen dienen zur Übertragung von Daten von einer festgelegten Eingabeeinheit in den Arbeitsspeicher.

<4> Ausgabeanweisungen werden zur Übertragung der Daten aus dem Arbeitsspeicher zu einer festgelegten Ausgabeeinheit verwendet.

<5> Ergibt-Anweisungen sind Zuweisungen von numerischen und textlichen Daten und/oder Variablen zu einer bestimmten Variablen (sogenannte Ausdrücke), wodurch ein Speicherbereich mit einem bestimmten Inhalt (Zahl oder Text) belegt und mit einem Datennamen bezeichnet wird.

<6> Steueranweisungen dienen zur Veranlassung von Programmverzweigungen und zur wiederholten Verarbeitung von Programmschleifen.

<7> Schlußanweisungen geben an, daß die Verarbeitung abgeschlossen und das Programm beendet ist.

<8> Dateianweisungen dienen zum Anlegen, Eröffnen und Schließen einer Datei, weiters zum Lesen aus und Schreiben in einer Datei.

<9> Funktionsaufrufe dienen dazu, um im System einer Programmiersprache vorhandene Unterprogramme (z. B. zur Berechnung von mathematisch-trigonometrischen Funktionen wie Sinus, Cosinus, Quadratwurzel) ohne umständliche Eigenprogrammierung in das Programm einzubauen. Es können aber auch eigene Funktionen definiert werden, die dann wie eingebaute Funktionen aktiviert werden können.

Programme für Bibliotheksanwendungen benötigen vor allem Funktionsanweisungen, die die Verarbeitung von Texten sehr unterstützen, wie etwa das Zusammenfügen von zwei Zeichenketten zu einer Zeile (Konkatenation) oder das Teilen einer zu langen Zeile in zwei kürzere Zeichenketten.

<10> Systemanweisungen dienen dazu, um aus dem eigenen Programm in ein Systemprogramm oder ins Betriebssystem überwechseln und gegebenenfalls wieder in das eigene Programm zurückkehren zu können.

Grundsätzlich kann man zwei Programmtypen unterscheiden:

* **rechenintensive Programme**: sie benötigen meist relativ wenig Eingangsdaten, es werden sehr viele bzw. komplizierte Rechenoperationen durchgeführt. Es handelt sich um die typische Programmart für den wissenschaftlich-technischen Bereich.

* **ein-/ausgabe-intensive Programme**: Hier werden viele ähnliche oder gleiche Datensätze verarbeitet, wobei die Verarbeitung für jeden Datensatz gleich ist oder wobei man sich immer auf eine Auswahl von gleichen Verarbeitungsschritten beschränkt (z. B. Last- und/oder Gutschriften bei Bankkonten); dieser Programmtyp, der auf Grund der großen Datenmengen meist zur Zwischenspeicherung periphere Speicherkapazität benötigt, kommt sehr häufig im kommerziell-administrativen Bereich vor. Ähnlich verhält es sich auch mit Programmen der Informationsverarbeitung.

Natürlich besitzt ein Programm der Praxis mehr oder weniger stark ausgeprägte Merkmale beider Programmtypen. Die Übergänge vom einen zum anderen Programmtyp sind fließend. Die Programmiersprachen lassen sich in drei Gruppen einteilen:

<1> MASCHINENSPRACHEN

sind direkt maschinell verarbeitungsfähig, da sie in binärer Form dem Befehlscode der Maschine entsprechen. In ihrer binären Aufzeichnungsform sind sie für eingeweihte Spezialisten zwar verständlich, aber sehr mühsam zu lesen. Jedes Programm läuft aber letztlich auf der Stufe der Maschinensprache ab. In diese Form wird es durch die Übersetzungsprogramme umgewandelt.

<2> MASCHINENORIENTIERTE PROGRAMMIERSPRACHEN (ASSEMBLER-SPRACHEN)

sind anlagenabhängig wie auch die Maschinensprachen. Sie nützen die speziellen technischen Eigenschaften einer bestimmten EDV-Anlage optimal aus, was man von den problem-orientierten Sprachen nicht immer behaupten kann. Die Programme in maschinenorientierter Sprache sind nach der Programmübersetzung (Assemblieren) meist kürzer und schneller lauffähig, aber viel zeitaufwendiger beim Programmieren und langwieriger beim Testen und Fehlersuchen.

<3> PROBLEMORIENTIERTE PROGRAMMIERSPRACHEN (COMPILER- UND INTERPRETER-SPRACHEN)

sind weitgehend unabhängig von der jeweiligen EDV-Anlage, verhältnismäßig leicht zu erlernen und anzuwenden. Die Programme sind einfacher zu testen und zu warten, können auch relativ leicht an einer Anlage eines anderen Herstellers eingesetzt werden (z.B. ALGOL, BASIC, COBOL, FORTRAN).

∗ *COMPILER*
sind Sprachübersetzer, die ein Programm von der Quellsprache in ein Maschinenprogramm umwandeln. Als Ergebnis dieser Umwandlung, die als Compilieren bezeichnet wird, steht ein direkt ablauffähiges Maschinenprogramm zur Verfügung. Der Compiler ist bei der Durchführung des Programmes nicht mehr notwendig.

∗ *INTERPRETER*
übersetzen ein Programm erst während des Ablaufes und zwar Anweisung für Anweisung, in die entsprechenden ablauffähigen Maschinenbefehle, die sofort ausgeführt werden. So werden auch gleiche Anweisungen, z. B. bei Programmschleifen immer wieder übersetzt, was natürlich die Geschwindigkeit der Programmdurchführung erheblich beeinträchtigt. Wie bereits unter 4.2 erwähnt, gibt es auch die Kombination von Interpreter und Compiler, wobei die Vorteile beider für eine Effizienzsteigerung sowohl bei der Programmentwicklung als auch bei der Programmausführung von Bedeutung sind.

In der folgenden Tabelle werden die Vor- und Nachteile von Assembler-Sprachen und höheren Programmiersprachen miteinander verglichen.

Tab. 3: Vorteile und Nachteile höherer Programmiersprachen

GESICHTSPUNKT	HÖHERE PROGRAMMIER-SPRACHE	ASSEMBLER-SPRACHE
Anlagenunabhängigkeit (Kompatibilität und Portabilität)	Von einer bestimmten Anlage meist weitgehend unabhängig: dieselbe Programmiersprache für verschiedene Computer	Je Anlage bzw. Anlagentyp. Für jeden Anlagentyp ein eigener ASSEMBLER
Niveau der EDV-Kenntnisse	Wenig Spezialkenntnisse über den Computer erforderlich	Spezialkenntnisse erforderlich
Zeitaufwand für die Programmierung	Relativ wenig Zeit erforderlich	Ein Mehrfaches der Zeit erforderlich
Testarbeiten	Tests einfacher und Fehlersuche relativ problemlos	Tests aufwendig und Fehlersuche schwierig
Programmdokumentation	Meist selbstdokumentierend und für Dritte leicht verständlich	Für Dritte oft nur schwer durchschaubar
Ausnützung des Arbeitsspeichers und Programmlaufzeiten	Bedarf an Arbeitsspeicher relativ groß, Laufzeiten 3 bis 30 mal länger als bei ASSEMBLER	Optimale Speicherausnützung, Verarbeitungszeiten sehr kurz

Da jedes Programm auf der Ebene der Maschinensprache durchgeführt wird, muß es in einem Übersetzungsvorgang in die Maschinensprache umgewandelt werden, wie folgendes Schema zeigt:

Tab. 4: Übersetzungsvorgang

Von der höheren Programmiersprache zur Maschinensprache			
Stufe 3: Höhere Programmiersprache: problemorientiert, symbolischer Sprachcode		Umwandlung	Problem-orientierte Programmier-sprache: ALGOL, COBOL, FORTRAN, PL/1 (Compilerum-wandlung), APL BASIC (Interpreterum-wandlug)
Stufe 2: strukturell maschinenorientierte Programmiersprache: symbolisch, nicht binär codiert		Maschinen-orientierte Programmier-sprache: Umwandlung durch ASSEMBLIE-REN = ASSEMBLER	
Stufe 1: direkt maschinell verarbeitbar im Binärcode	Maschinen-sprache		

Die für den Computer einzig „verständliche" Programmiersprache ist ein Maschinencode, den zu lesen und zu verstehen Sache der Systemspezialisten ist. Für EDV-Spezialisten, die die Hardware und Standardsoftware entwickeln und pflegen, ist nicht nur die Kenntnis der Maschinensprache sinnvoll, sondern auch die Beherrschung der maschinenorientierten ASSEMBLER-Sprache unbedingt notwendig. Für den Anwender genügt für die Lösung der meisten Probleme der Einsatz einer höheren Programmiersprache, deren es bereits weit über 1000 gibt. Diese Vielfalt mag erstaunlich und bestechend sein, doch ist sie für die Austauschbarkeit und Übertragbarkeit (portability) der Programme von einem Computer auf einen anderen ein großes Hindernis. Einige der bekanntesten und am meisten verbreiteten Programmiersprachen sind:

ADA :	benannt nach Lady Ada Augusta Byron, Countess of Lovelace (1815-1852), Schöpferin einer Programmiersprache um 1848
ALGOL :	ALGOrithmic Language
APL :	A Programming Language
BASIC :	Beginner's All-purpose Symbolic Instruction Code
COBOL :	COmmon Business Oriented Language
ELAN :	Elementary LANguage
FORTRAN :	FORmula TRANslation
PASCAL :	benannt von N. Wirth nach Blaise Pascal
PL/1 :	Programming Language One
SNOBOL :	StriNg Oriented SymBOlic Language

4.3 PROGRAMMIERSPRACHEN FÜR TEXTVERARBEITUNG

Den Bibliothekar und Dokumentar interessieren natürlich Programmiersprachen, die bei der Verarbeitung bibliothekarisch-bibliographischer Daten effizient eingesetzt werden können. Nun, man sagt einigen Programmiersprachen besonders gute Einsatzmöglichkeiten für mathematische Anwendungen nach, anderen wiederum mehr Eignung für den kommerziell-administrativen Bereich, wozu auch die Textverarbeitung gerechnet werden kann. Im wesentlichen ist bibliothekarische Datenverarbeitung überwiegend Textverarbeitung, wenn auch nicht in dem eingeschränkten Sinne, in dem die Textverarbeitung von einigen Herstellern noch bis vor kurzem gehandhabt wurde, nämlich isoliert von der übrigen Datenverarbeitung. Diese Trennung war entwicklungsbedingt, wurde aber bereits aufgegeben. Jeder Kleincomputer läßt sich heute mit sehr leistungsfähigen Textverarbeitungsprogrammen betreiben, wie WORDSTAR, EASYWRITER oder PROFESSIONAL EDITOR, mit dem z. B. der Text dieses Buches von einer Anlage älteren Typs auf eine neuere Anlage übernommen und auf den neuesten Stand gebracht wurde.

Für die Textverarbeitung wurden besondere Programmiersprachen entwickelt, wie etwa LISP, LIST, SNOBOL, COBOL u. a., während man bei ALGOL, FORTRAN, und MATLAN mehr die mathematische Anwendungseite im Auge hatte. In der Praxis ist es so, daß viele EDV-Anlagen aus Kostengründen nur Compiler für einige wenige Programmiersprachen zur Verfügung haben. Da sich viele Anwender in Dokumentationsstellen und Bibliotheken mit den ihnen gebotenen Möglichkeiten der Universitätsrechenzentren begnügen mußten, existieren auch sehr leistungsfähige Bibliotheks-EDV-Systeme, die in FORTRAN oder ALGOL geschrieben wurden. Natürlich dürfen die verschiedenen ASSEMBLER-Sprachen nicht unerwähnt bleiben, denn alle sind für Textverarbeitung bestens geeignet. Einge der modernsten EDV-Systeme für Bibliotheksanwendungen sind in den Programmiersprachen BASIC, COBOL, FORTRAN, PASCAL und PL/I geschrieben. Aber auch weniger verbreitete Sprachen wie CORAL und SNOBOL sind für Bibliotheksanwendungen geeignet, doch ist ihre Verwendung im Hinblick auf einen späteren Systemwechsel problematisch, da die Übertragung größere Aufwendungen als bei weit verbreiteten Programmiersprachen notwendig machen wird.

In einem Buch über richtige Computerauswahl (L-25) ist ein Rat zu finden, den besonders bibliothekarische EDV-Anwender beherzigen sollten, da die von ihnen erfaßten und verarbeiteten Daten auch von späteren Generationen benötigt werden. Dieser Rat bezieht sich in erster Linie auf die Wahl der zu verwendenden Programmiersprache. Wer die Komplexität und den beachtlichen Umfang von bibliothekarisch-bibliographischen Informationssystemen und den sehr großen Aufwand für deren Realisierung kennt, wird sich überlegen müssen, wie er die Übernahme der Daten und Programme auf eine nachfolgende Computergeneration bewerkstelligen kann. Bei einer Fehlentscheidung könnte es zum Zeitpunkt eines Systemwechsels zu unvorhergesehenen Investitionen kommen, wenn nämlich plötzlich die Neuprogrammierung eines ganzen Programmsystems der Informationsverarbeitung notwendig werden sollte. Der erwähnte Rat (L-25: Grupp, S. 66) hat folgenden Wortlaut:

> „Unbedingt vermeiden sollte man die Auswahl firmenbezogener Programmiersprachen. Für einen späteren Herstellerwechsel können sich fast unüberwindliche Barrieren ergeben. Darüber hinaus nützen dann die Kenntnisse der Programmiersprache dem Anwender nichts mehr.
>
> Man sollte auch sicherstellen, daß innerhalb einer Computerfamilie durchgehend die gleiche Programmiersprache verwendet

wird. Das ist bisher keineswegs selbstverständlich! Auch hier könnte der Übergang auf ein anderes Modell sonst ziemlich aufwendig werden".

4.4 PROGRAMMBIBLIOTHEK UND BIBLIOTHEKSPROGRAMM: eine Klarstellung

Jedem Betriebssystem einer Datenverarbeitungsanlage ist eine mehr oder weniger umfangreiche und komfortable Programmbibliothek angeschlossen, aus der neben Funktionsprogrammen zur Berechnung mathematischer Standardfunktionen auch andere Programme zur Dateiverwaltung (z. B. SORT-MERGE) aufgerufen und verwendet werden können. Dadurch kann in vielen Fällen die Programmierung auf ein einfaches Hauptprogramm beschränkt werden. Dieses Hauptprogramm ruft dann je nach Bedarf das eine oder andere Funktionsprogramm zur Verarbeitung auf.

An dieser Stelle bedürfen die beiden Begriffe Programmbibliothek und Bibliotheksprogramm noch einer Erklärung, da mit ihnen leicht falsche Vorstellungen verbunden werden könnten, so als ob es sich um Programme für Bibliotheksprobleme handle. Das ist zwar nicht ausgeschlossen, aber meist nicht der Fall.

Wie in einer Bibliothek im herkömmlichen Sinne Bücher zugriffsbereit aufgestellt werden, so werden in einer Programmbibliothek Programme verschiedenster Art und Verwendungsmöglichkeit zugriffsbereit auf Magnetband oder Magnetplatte gespeichert und können durch entsprechende Programmbefehle zur Verarbeitung aufgerufen werden, wie z. B. durch CALL SORT, d. h. „rufe das Programm SORT" bzw. „hole das betreffende Programm aus der Programmbibliothek (program library) und führe es aus".

Da die Programmbibliothek in einem Direktzugriffsspeicher zur Verfügung steht, befindet sie sich in ständiger Betriebsbereitschaft, wodurch einige Vorteile erzielt werden:

<1> Reduzierung des Hauptspeicherbedarfes, da immer nur die gerade benötigten Programme geladen werden;
<2> Reduzierung der Bedienungsrüstzeiten (Operator-Zeiten);
<3> Ermöglichung modularer Programmstrukturen.

Der Begriff Bibliotheksprogramm (library program, library subroutine) könnte sowohl ein Programm zur Lösung von Bibliotheksproblemen bezeichnen als auch ein Programm, das sich zugriffsbereit in der Programmbibliothek befindet.

5. DIE DATEN

Unsere für Phantasie und Symbolik zuständige rechte Großhirnhälfte ist wenigstens ebenso wichtig wie unsere rationale, deduktive linke Hirnhälfte. Beim Überlegen stützen wir uns wenigstens ebenso oft auf Bilder und Empfindungen wie auf gesicherte Fakten. (Thomas J. Peters: Auf der Suche nach Spitzenleistungen. 1983, S. 81.)

In diesem Kapitel folgt ein Überblick über die Hierarchien von Daten, wobei zwischen der logischen Gliederung (Zeichen, Feld, Satz, Datei, Datenbank) und der physischen Gliederung (Bit, Byte, Block) unterschieden wird. Es folgen Erklärungen über Grundoperationen, die mit den Daten durchgeführt werden können, sowie über bibliothekarisch-bibliographische Datenstrukturen (Kategorienschemata). Als wichtige Anwendungsbereiche werden in diesem Kapitel Datenerfassung, Datenausgabe, Datensicherung und Datenschutz behandelt.

Das Wort Datenverarbeitung bringt deutlich zum Ausdruck, daß Daten das Material darstellen, das mit Hilfe von Programmen verarbeitet werden soll. Daten sind Bestandteile von Informationen über Personen, Ereignisse und Gegenstände. Die Daten begegnen uns dabei in vielerlei Erscheinungsformen: als Zahlen, Namen, Texte und Meßwerte. Daten der digitalen Datenverarbeitung setzen sich aus den von uns auch im täglichen Gebrauch verwendeten Schriftzeichen zusammen. Beim Morsecode werden die einzelnen Zeichen durch die zwei Symbole

Punkt und Strich (A = . - ; Z = - - . .)

dargestellt. Die beim Morsen übliche Pause soll hier unberücksichtigt bleiben. Der Punkt steht für ein kurzes Signal, der Strich für ein langes, ein drittes Signal gibt es nicht. Ähnlich verhält es sich bei der computerinternen Darstellung der Zeichen. Auch dabei stehen nur zwei Signalwerte, nämlich

Strom und kein Strom

oder **geladen** und **nicht geladen** zur Verfügung. Anders als beim Morsen werden in der Computerverschlüsselung gleich lange Signalmuster verwendet, nämlich 8 Bits von 0 und 1. Der bei Kleincomputern am meisten benützte Code ist der ASCII-Code.

Mit Daten wird alles bezeichnet, was bei der Lösung einer Aufgabe an Zahlen, Texten und sonstigen Informationen eingegeben, verarbeitet und ausgegeben wird. Die Daten selbst sind noch nicht Informationen, sondern Elemente von Informationen. Die Daten als Träger der Information werden erst zur Information durch ihre Bedeutungen, Größenordnungen und Einheiten sowie durch ihre Beziehungen zueinander. Ein Geburtsdatum ohne zugehörigen Namen ist nur eine verstümmelte Information. Erst durch die Beziehung zu den Personaldaten Familienname und Vornamen werden die Datenelemente zur sinnvollen Information.

Tab. 5: Übersicht über verschiedene Datenmerkmale

Tabelle verschiedener Datenmerkmale		visuell lesbare Daten		maschinenlesbare Daten	
		numerisch	alphanum.	numerisch	alphanum.
Eingabedaten	fixe Länge	×	×	×	×
	var. Länge	×	×		×
Ausgabedaten	fixe Länge	×	×	×	×
	var. Länge	×	×		×
Zwischenspeich.	fixe Länge	×	×	×	×
	var. Länge	×	×	×	×

Beispiele für die Verarbeitung von Daten:

* 12 soll durch 4 dividiert werden. **12** und **4** sind die Daten, die in die Datenverarbeitungsanlage eingegeben werden. Diese Datenverarbeitungsanlage kann ein Computer sein, aber durchaus auch ein etwas älteres Instrument, wie etwa ein Rechenschieber, eine elektrische oder mechanische Rechenmaschine, oder unser organisches System, das menschliche Gehirn. Die Zahlen 12 und 4 sind die Eingabedaten. Nach der Berechnung erhält man als Ergebnis **3** als Ausgabedatum.

* Eine Menge von Namen mit Adressen soll alphabetisch geordnet (sortiert) werden. Vorgangsweise:

  1. Eingeben der Adressen (z. B. von einer bereits auf Disketten gespeicherten Datei).
  2. Sortieren der Adressen nach dem Namensalphabet im Computer.
  3. Ausgabe der sortierten Adressen auf einem Typenraddrucker.

Beide Beispiele zeigen dieselbe große Linie im Ablauf:

* Eingabe der Daten,
* Verarbeitung dieser Daten nach bestimmten Arbeitsanweisungen,
* Ausgabe des Resultates, sei es in Form eines Rechenergebnisses oder der Adressen in sortierter Reihenfolge wie beim zweiten Beispiel.

In dem didaktisch hervorragend aufgebauten Lehrbuch „Der Schlüssel zum Computer“ werden diese drei Bereiche der Datenverarbeitung mit dem Merkwort EVA bezeichnet:

Eingabe * Verarbeitung * Ausgabe

5.1 DARSTELLUNG UND UMWANDLUNG VON DATEN

Unter Daten werden im folgenden

* Eingabedaten,
* Daten im Rechner und
* Ausgabedaten verstanden.

Daten benötigen für ihren Transport in den Computer, zur Verarbeitung in ihm und zur Ausgabe aus dem Computer entsprechende Datenträger. Als Datenträger kommen alle Medien, die zur Speicherung und zum Transport der Daten verwendet werden können, in Betracht. Diese allgemeine Definition, die auch auf verschiedene Informations-Medien angewendet werden kann, ist natürlich im Sinne der EDV zu weit gefaßt, da ein weißes Rauchzeichen der Indianer zwar als Datenträger bezeichnet werden kann, jedoch nicht maschinell weiter verarbeitbar ist. Hier soll natürlich nur von Daten, Darstellungsarten und Datenträgern für die EDV-Anwendung die Rede sein.

Die zu verarbeitenden Daten stehen zunächst auf Urbelegen, können nur vom Menschen gelesen werden und müssen einer 1. Umwandlung durch die Erfassungsgeräte (z. B. Magnetbandkassetten oder Disketten) unterzogen werden, um auch für die Eingabegeräte lesbar zu sein. Die Daten liegen danach in einer maschinenlesbaren Aufzeichnung vor (magnetisierte Aufzeichnung auf Magnetband oder Lochschrift der Lochkarte). Die speicherbare, sogenannte interne Darstellungsform der Daten (z. B. ASCII- und EBCDI-Code) erhält man in einer Umwandlung über die Codeumsetzer der Eingabegeräte, ohne daß der Benützer selbst damit befaßt oder belastet wird. Buchstaben, Sonderzeichen und Ziffern, mit denen nicht gerechnet wird, bleiben während der Verarbeitung in der für den speziellen Rechner gültigen internen Darstellungsform.

Handelt es sich jedoch bei den Daten um Zahlen, mit denen gerechnet werden soll, so müssen sie vor der Verarbeitung durch Programmanweisungen in eine von mehreren möglichen internen Zahlendarstellungen übergeführt werden (z.B. Festkomma-, Gleitkommadarstellung u.a.). Die Ergebnisse von Rechenoperationen werden dann vom Programm wieder in die dem Rechner eigene Darstellung (z. B. ASCII-Code) zurückverwandelt.

Die weitere Umwandlung in den Ausgabegeräten bringt die verarbeiteten Daten wieder in die für den Menschen lesbare Form, z. B. als Leuchtschrift auf dem Bildschirm. Man kann zur Ausgabe von Daten jedoch auch Ausgabegeräte verwenden, die die Ergebnisse in einer Form liefern, in der sie für Eingabegeräte zum Zweck einer späteren Verarbeitung direkt lesbar sind: Lochkarte, Lochstreifen, Magnetband, Diskette u.a. Bei der Eingabe entfällt dann die sonst notwendige erste Umwandlung der Eingabedaten in die maschinenlesbare Form.

Als Beispiel für einen maschinenlesbaren Datenträger soll die Lochkarte behandelt werden, nicht weil sie zur Zeit noch da und dort verwendet wird, sondern weil sie noch mit dem menschlichen Auge erkennbare maschinenlesbare Aufzeichnungen aufweist.

5.2 DIE LOCHKARTE

Die Lochkarte ist in 80 Spalten und 12 Zeilen gegliedert. Sie besitzt einen Eckenabschnitt, damit man falsch eingelegte Lochkarten in einem Lochkartenstapel erkennen kann. Abbildung 5 zeigt die Darstellung von Ziffern, Buchstaben und Sonderzeichen in einer Lochschrift. Jedes Zeichen belegt eine Spalte mit einer oder mehreren Lochungen:

Abb. 5: Muster einer Lochkarte

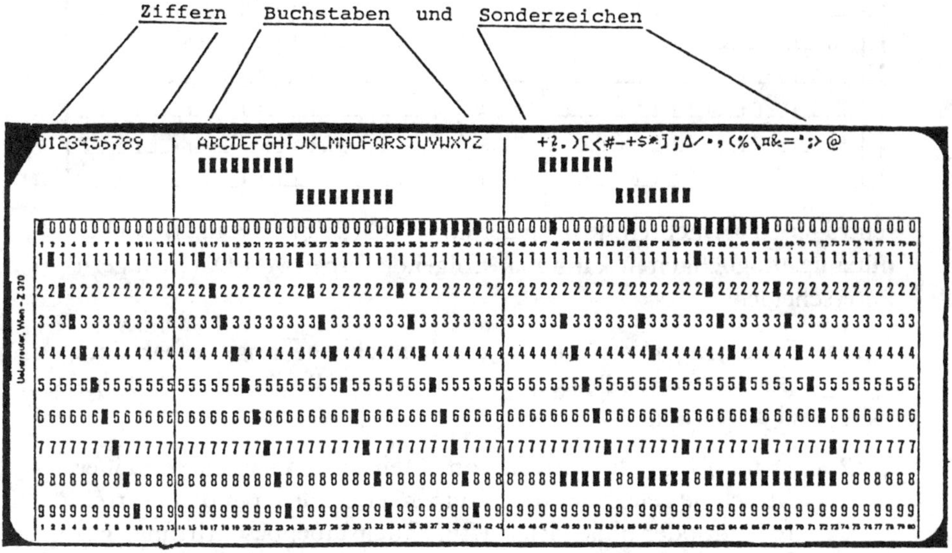

Es gibt verschiedene Lochvorschriften, d. h. Codierungen, die aus einer anderen Kombination von Lochungen und Nichtlochungen bestehen. Lochkarten werden nach den Vorschriften der Lochanweisung mit dem Kartenlocher gelocht. Die Tastatur eines Lochers gleicht der einer Schreibmaschine. Ein gut gegliedertes Formular (Ablochbeleg) ermöglicht ein rasches und sicheres Übertragen der Daten auf die Lochkarte.

Die Lochkarte und der Lochstreifen werden heute immer mehr durch andere, viel wirtschaftlichere Datenträger verdrängt. Unter Datenträgern versteht man - wie bereits unter 5.1 ausgeführt - jedes Medium, das zur Aufzeichnung von Daten verwendet werden kann. Wie bereits in der Einleitung über Alphabete und Codes gezeigt wurde, sind schon die ersten Steine, auf die in der Urzeit Zeichen geritzt wurden, als Da-

Abb. 6: Ausschnitt aus einem allgemeinen Datenerfassungsbeleg

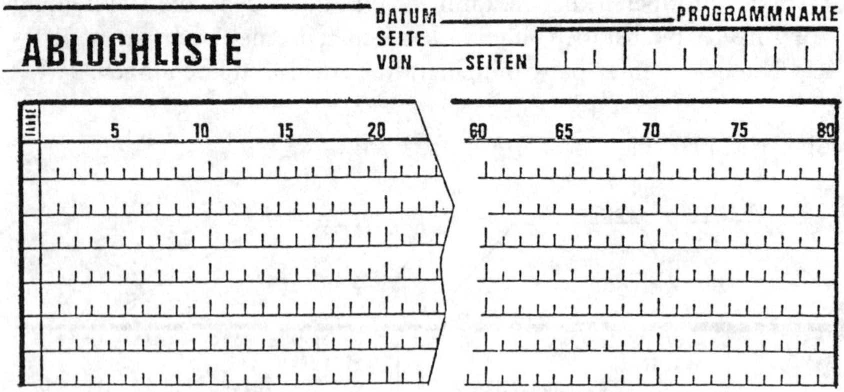

tenträger zu betrachten. Je nach der Einsetzbarkeit und je nach den Benützungsmöglichkeiten kann man folgende Typen von Datenträgern unterscheiden:

<1> Datenträger, die nur für das menschliche Auge lesbar sind: Bücher, Zettel, Belege, Steininschriften, Rauchzeichen, Lichtsignale u.a.;

<2> Datenträger, die sowohl vom Menschen als auch von einer Maschine gelesen werden können: Lochkarten und Lochstreifen (mit oder ohne gleichzeitige Buchstabenbeschriftung), Belege mit OCR-Schrift (Schriftzeichen, die vom Belegleser gelesen werden können, OCR = Optical Character Recognition);

<3> Datenträger, die nur von der EDV-Anlage und ihren peripheren Geräten gelesen werden können: Zentralspeicher, Magnetbänder, Magnetplatten, Disketten u.a.

Datenträger dienen dazu, um Daten

– entweder dauernd zu speichern, wobei auf dem Datenträger nicht mehr gelöscht und dieser nicht mit anderen Daten belegt werden kann (z. B. Lochkarten und Lochstreifen);

– oder vorübergehend zu speichern, wobei die Daten gelöscht, verändert und erweitert werden können;

– oder um Daten von einem Medium zum anderen zu transportieren, d. h. nur kurzzeitig darzustellen (Leitungsübertragung, Bildschirmanzeige).

5.3 INTERNE DARSTELLUNGSFORMEN VON DATEN

Kleinste Einheit eines Datenspeichers ist ein

BIT (= **B**inary dig**IT** = binäre Ziffer).

Dies ist ein physikalisches Objekt mit der Möglichkeit, zwei verschiedene elektrische oder magnetische Zustände anzunehmen bzw. darzustellen. Als Schreibsymbole genügen dafür zwei Zeichen zur Darstellung der zwei möglichen Zustände:

0 und **1** oder auch **O** und **L**.

Eine Zusammenfassung von mehreren Bits ermöglicht Kombinationen der Symbole 0 und 1. Die Zuordnung eines bestimmten Zeichens (Zahl, Buchstabe, Sonderzeichen) zu einer derartigen Kombination wird üblicherweise Codierung genannt. Die Vorschrift, nach der alle Umwandlungen vor sich gehen, heißt Code.

Tab. 6: Code-Beispiele

Beispielcode 1	Beispielcode 2
A => 00 B => 01 C => 10 D => 11	1 => 00 2 => 01 3 => 10 4 => 11

Dieses Codierbeispiel kann ganz einfach anhand von zwei Glühlampen, die entsprechend ein- oder ausgeschaltet werden können, gezeigt werden:

Abb. 7 : Glühlampen-Code-Beispiel

Je mehr Kombinationen dieser Zweierzustände zusammengefaßt werden, desto mehr Zeichen können damit dargestellt werden.

Aus Tab. 7 kann man leicht erkennen, daß eine Vielzahl von verschiedenen Codes möglich ist. Bekanntere Codes sind das bereits erwähnte Morsealphabet und der Fernschreibcode. Um einen ausreichenden Vorrat an Zeichen (10 Ziffern, 26 Großbuchstaben, diverse Sonderzeichen) darstellen zu können, wurde ein spezieller 6-stelliger Binärcode geschaffen, der sogenannte BCD-Code (Binary Coded Decimal Code). Dieser Code bietet die Verschlüsselung von 2 hoch 6 = 64 Zeichen.

Da aber der BCD-Code keine Darstellung von Kleinbuchstaben und auch nicht die einer größeren Menge von Sonderzeichen erlaubt, wie sie für bibliographische Daten notwendig sind, arbeiten moderne Rechner mit einem 7- oder 8-stelligen Code. Fast alle Rechner verwenden einen der beiden folgenden Codes oder beide:

* **ASCII-Code**: American Standard Code for Information Interchange. Dies ist ein 7-Bit-Code mit einem zusätzlichen achten Prüfbit. Er wird vorwiegend für Mikrocomputer verwendet, findet aber bei allen Rechnertypen Anwendung, vor allem aber bei der Datenfernverarbeitung und beim Datenaustausch. Mit dem ASCII-Code lassen sich 2 hoch 7 = 128 Zeichen darstellen. Damit können auch alle Zeichen für Groß- und Kleinschreibung, Sonder- und Steuerzeichen definiert werden. In der folgenden Tabelle ist die deutsche Version des ISO-7-Bit-Code (ASCII German Character Set) abgebildet. Die Zeichen, durch die die deutschen Umlaute usw. ersetzt werden, sind daneben angegeben. Leider sind die durch die Umlaute verdrängten Zeichen, wie z. B. eckige Klammern, für die Katalogisierung gleichfalls notwendige Zeichen; darauf hat allerdings die ursprüngliche Normungsarbeit nicht Rücksicht nehmen können, da sich die zuständigen EDV-Fachleute vielfach noch nicht einmal in den eigenen Fachkreisen Gehör verschaffen konnten (vgl. Tab 8, Code-Zeichen 91-93, 123-126).

für IBM nur: 8-BIT-CODE

Tab. 7: Druckbare ASCII-Zeichen mit deutschen Sonderzeichen

< 32 > 00100000 : = ƀ	< 64 > 01000000 : = §	< 96 > 01100000 : = ˜
< 33 > 00100001 : = !	< 65 > 01000001 : = A	< 97 > 01100001 : = a
< 34 > 00100010 : = "	< 66 > 01000010 : = B	< 98 > 01100010 : = b
< 35 > 00100011 : = £	< 67 > 01000011 : = C	< 99 > 01100011 : = c
< 36 > 00100100 : = $	< 68 > 01000100 : = D	<100 > 01100100 : = d
< 37 > 00100101 : = %	< 69 > 01000101 : = E	<101 > 01100101 : = e
< 38 > 00100110 : = &	< 70 > 01000110 : = F	<102 > 01100110 : = f
< 39 > 00100111 : = '	< 71 > 01000111 : = G	<103 > 01100111 : = g
< 40 > 00101000 : = (	< 72 > 01001000 : = H	<104 > 01101000 : = h
< 41 > 00101001 : =)	< 73 > 01001001 : = I	<105 > 01101001 : = i
< 42 > 00101010 : = *	< 74 > 01001010 : = J	<106 > 01101010 : = j
< 43 > 00101011 : = +	< 75 > 01001011 : = K	<107 > 01101011 : = k
< 44 > 00101100 : = ,	< 76 > 01001100 : = L	<108 > 01101100 : = l
< 45 > 00101101 : = -	< 77 > 01001101 : = M	<109 > 01101101 : = m
< 46 > 00101110 : = .	< 78 > 01001110 : = N	<110 > 01101110 : = n
< 47 > 00101111 : = /	< 79 > 01001111 : = O	<111 > 01101111 : = o
< 48 > 00110000 : = 0	< 80 > 01010000 : = P	<112 > 01110000 : = p
< 49 > 00110001 : = 1	< 81 > 01010001 : = Q	<113 > 01110001 : = q
< 50 > 00110010 : = 2	< 82 > 01010010 : = R	<114 > 01110010 : = r
< 51 > 00110011 : = 3	< 83 > 01010011 : = S	<115 > 01110011 : = s
< 52 > 00110100 : = 4	< 84 > 01010100 : = T	<116 > 01110100 : = t
< 53 > 00110101 : = 5	< 85 > 01010101 : = U	<117 > 01110101 : = u
< 54 > 00110110 : = 6	< 86 > 01010110 : = V	<118 > 01110110 : = v
< 55 > 00110111 : = 7	< 87 > 01010111 : = W	<119 > 01110111 : = w
< 56 > 00111000 : = 8	< 88 > 01011000 : = X	<120 > 01111000 : = x
< 57 > 00111001 : = 9	< 89 > 01011001 : = Y	<121 > 01111001 : = y
< 58 > 00110100 : = :	< 90 > 01011010 : = Z	<122 > 01111010 : = z
< 59 > 00110101 : = ;	< 91 > 01011011 : = Ä[	<123 > 01111011 : = ä{
< 60 > 00110110 : = <	< 92 > 01011100 : = Ö/	<124 > 01111100 : = ö/
< 61 > 00110111 : = =	< 93 > 01011101 : = Ü]	<125 > 01111101 : = ü}
< 62 > 00111000 : = >	< 94 > 01011110 : = ^	<126 > 01111110 : = ß
< 63 > 00111001 : = ?	< 95 > 01011111 : = _	<127 > 01011111 : = DEL

Neuerdings sind bei einigen Kleincomputern (HP-150, IBM PC, Sirius u. a.) auch erweiterte ASCII-Codes in Verwendung, die wie der EBC-DIC-Code 256 Zeichen darstellen können und darüberhinaus die Definition weiterer Zeichenvorräte ermöglichen. Immer sollte aber auch geprüft werden, ob der verwendete Drucker ebenso in der Lage ist, die beim Personalcomputer darstellbaren Zeichen zu drucken

* **EBCDIC-Code**: Extended Binary Coded Decimal Interchange Code. Dies ist ein 8-Bit-Code mit einem zusätzlichen 9. Prüfbit. Auf Kleinrechnern wird dieser Code selten verwendet.

Achtstellige Codes erlauben die Darstellung von 2 hoch 8 = 256 Kombinationen von 8-stelligen Bitmustern, also von 256 Zeichen.

Tab. 8: Beispiele von Zeichenkombinationen

Bitstelle	Zeichen	12345678	Zeichen	12345678	Zeichen	12345678
ASCII-Code 7 Bit + 1 Prüfbit	A	01000001	a	01100001	0	00110000
	B	01000010	b	01100010	1	00110001
	C	01000011	c	01100011	2	00110010
	D	01000100	d	01100100	3	00110011
EBCDI-Code 8 Bit Prüfbit 9 nicht dargestellt	A	11000001	a	10000001	0	11110000
	B	11000010	b	10000010	1	11110001
	C	11000011	c	10000011	2	11110010
	D	11000100	d	10000100	3	11110011
	E	11000101	e	10000101	4	11110100
	F	11000110	f	10000110	5	11110101

In der täglichen Bibliotheksarbeit ist die Kenntnis dieser Code-Tabellen nicht notwendig, da der Bearbeiter ja nur auf eine Schreibmaschinentastatur zu tippen braucht und nicht irgendeinen dieser Code-Werte einzugeben hat. Wichtig ist, daß dann beim Ausgabemedium für ein eingetipptes A auch wirklich ein A ausgedruckt wird, unabhängig davon, ob es intern als ASCII-A mit 01000001 oder als EBCDIC-A mit 11000001 dargestellt wird.

Es ist nun ohne weiteres evident, daß Zeichenfolgen (Wörter, Zahlen) ebenso viele Bytes benötigen, wie sie Zeichen enthalten, z. B.:

Tab. 9: Darstellung von Zeichenfolgen

Zeichenfolge	12345678	12345678	12345678
EVA	11000101	11100101	11000001
Eva	11000101	10100101	10000001
90	11111001	11110000	

Abschließend sei noch einmal erwähnt, daß Zahlen für die rechnerische Datenverarbeitung von der obigen Darstellung in andere Darstellungsformen transformiert werden, u. zw. in die sogenannte gepackte Darstellungsform.

5.4 HIERARCHIEN VON DATEN

5.4.1 LOGISCHE GLIEDERUNG

Die Daten sind in logisch zusammengehörigen Gruppen geordnet einzugeben, damit sie vom Rechner sinnvoll verarbeitet werden können. Dies ist einleuchtend, denn auch der Text eines Buches wird nicht in sinnloser Buchstabenfolge angeboten, die Informationen werden in Wörtern, Sätzen, Kapiteln usw. vorgelegt.

<1> *Zeichen*
Kleinste logische Informationseinheiten sind die Zeichen; sie können Buchstaben, Ziffern oder Sonderzeichen sein. Sie bilden die Elemente zur Darstellung von Informationen. Die Summe der Zeichen wird in einem geordneten Zeichenvorrat zusammengefaßt und als Alphabet bezeichnet. (Vgl. auch Kapitel 1: Alphabete und Codes.)

<2> *Feld, Datenfeld*
Die nächsthöhere Stufe bildet das Wort oder die Zahl. Diese logisch-semantische Stufe überspringen wir jedoch und gehen gleich zur Zusammenfassung von Wörtern und Zahlen, die ein logisches Ganzes bilden. Im logischen Zusammenhang gesehen, ist ein Datenfeld ein Teil eines Datensatzes, wie er im nächsten Absatz kurz beschrieben wird. Das Feld ist also Teil einer Gesamtinformation, z. B. der Name eines Autors in einer Titelaufnahme oder das Impressum. Dabei wird eine in sich abgeschlossene Zeichenfolge als Feld bezeichnet (z.B. Erscheinungsort, Signatur u.a.).

<3> *Satz, Datensatz*
Ein Feld kann aber wiederum Element einer höheren Stufe sein. Mehrere zusammengehörige Felder bilden den Satz (Datensatz, Item, Record, logischer Satz). Ein Datensatz ist eine namentlich bezeichnete Zusammenfassung mehrerer Datenelemente. In einem Anwendungsprogramm werden je nach Problemstellung ganze Datensätze, aber auch Teile von Datensätzen gelesen, geschrieben oder verändert.

Auf bibliothekarische Anwendung bezogen kann gesagt werden: fixe oder variabel lange Datenfelder werden von bibliographischen Beschreibungselementen, den sogenannten Kategorien eines Datenformates, belegt. Mehrere bibliothekarisch-bibliographische Kategorien bilden den logischen Satz einer Titelaufnahme. Mit anderen Worten: Die Grundelemente für einen bibliographischen Datensatz bilden die einzelnen Felder. Das einzelne Feld ist ein Abschnitt des Datensatzes mit einer bestimmten Position (z.B. vom 20. bis zum 50. Zeichen), in welchem die entsprechenden Daten aufgezeichnet sind. So besitzt z. B. ein Datensatz einer Titelaufnahme ein Verfasser-Feld, ein Titel-Feld, ein Auflagen-Feld usw. Ein Datensatz für die Ausleihverbuchung weist z. B. folgende Felder auf: Signaturen-Feld, Leihfrist-Feld, Vormerk-Feld, Entlehner-Feld u. a.

<4> Datei

Neben dem auszuführenden Programm sind auch die Daten, die von diesem Programm unmittelbar verarbeitet werden sollen, im Arbeitsspeicher vorhanden. Bei kleineren Datenmengen können alle zur Verarbeitung anfallenden Daten im Arbeitsspeicher Platz finden. Viele Anwendungen, besonders im Bereich der Informationsverarbeitung, verlangen jedoch viel größere Datenmengen, als es die Kapazität des Arbeitsspeichers zuläßt. Es ist daher notwendig, die komplette Datenmenge für eine bestimmte Verarbeitung auf einem externen Speicher abzulegen und die jeweilige Teilmenge in den Hauptspeicher zu übertragen. Diese Datenmengen werden auf den Externspeichern grundsätzlich in einer Datei zusammengefaßt.

Die nächsthöhere Stufe, die sich aus gleichartigen Datensätzen zusammensetzt, wird als Datei (file, konventionell: Kartei) bezeichnet. Eine typische Datei konventioneller Art ist der Zettelkatalog, der sich aus den sichtbaren Datensätzen der einzelnen Katalogzettel zusammensetzt. Die Informationen auf dem Katalogzettel dieses Satzes werden aus einzelnen Feldern, den bibliographischen Elementen gebildet. Beispiele für Dateien und deren Datensätze sind:

- Lieferantendatei (Buchhändler, Sortimenter, Verlage, Tauschpartner)
- Körperschaftsdatei (vor allem, um bei Titelerfassung die gleichbleibenden Daten sofort ohne zusätzliche Erfassung verfügbar zu haben und einsteuern zu können).
- Bestandsdatei
- Bestelldatei
- Leserdatei (in Verbindung mit der Bestandsdatei ergibt sich eine ideelle Ausleihdatei).

Ein wesentliches Merkmal ist, daß alle Datensätze einer Datei denselben Aufbau haben. Ist eine Überführung von konventionellen Datenbeständen in die edv-gerechte Form geplant, so sollen die Datenbestände analysiert und detailliert beschrieben werden, damit die Dateistruktur für Zwecke der Datenverarbeitung optimal gestaltet werden kann. Dazu ist es zweckmäßig, den formalen Aufbau und den Inhalt der einzelnen Dateielemente bzw. Datensätze in einer Dateibeschreibung zu dokumentieren und zwar wie folgt:

<1> Datei-Name
<2> Datei-Nummer
<3> Herkunft und Entstehungsart der Daten
<4> Aufgabe und Einsatzgebiete der Datei
<5> Datenträger (Schriftstücke, Kartei, Kassetten, Disketten u.a.)
<6> Speicherungs- bzw. Ablageform
<7> Ordnungsgesichtspunkte (alphabetisch, nach Nummern, kombiniert, mehrfach usw.)
<8> Anzahl der Datenfelder eines Datensatzes (fix oder variabel in der Anzahl)
<9> Name der Datenfelder
<10> Art der Datenfelder (numerisch, alphabetisch)
<11> Länge der Datenfelder (fix, variabel)
<12> Inhaltsbeschreibung der Datenfelder mit Beispielen
<13> Verarbeitungszweck der einzelnen Datenfelder
<14> Welche Operationen werden mit dem betreffenden Datenfeld durchgeführt?

Bibliothekskataloge konventioneller Art, in die nicht beinahe täglich die Katalogzettel der Neuzugänge eingelegt werden, sind unzulänglich, da die aktuellsten Bestände nicht nachweisbar sind. Vorbedingung für eine erfolgreiche Suche im Katalog ist daher stets die laufende Aktualisierung. Nicht anders ist es mit einer Datei. Bevor hier eine Auswertung erfolgreich durchgeführt werden kann, muß auch sie stets auf den neuesten Stand gebracht werden. Die damit zusammenhängenden Aktionen werden unter dem Begriff Dateiverwaltung zusammengefaßt. Die Dateiverwaltung umfaßt die Bereiche Dateiaufbau, Dateiwartung und Dateiauswertung. Auf die Anwendung in Bibliotheken übertragen, spricht man von Informations-Management-System oder Datenbank-Management-System.

Informations-Management-System

Datenbankverwaltung
- * Datenbankaufbau
- * Datenbankänderung
- * Datenbankordnung
  - • Sortieren
  - • Mischen
  - • Reorganisieren
- * Indexdateien und Suchbäume aufbauen

Datenbanksuche
(Information Retrieval)
- * Suchen
- * Auswählen
- * Kombinieren
- * Verdichten
- * Ausgeben

Zum oben genannten Punkt <6> „Speicherungs- bzw. Ablageform" noch folgende Ergänzung: Es gibt verschiedene Arten der Dateiorganisation, von denen hier die reihenorientierte (sequentielle), die satzorientierte (relative) und die indexsequentielle Datei (ISAM-Datei) genannt seien.

Zum Punkt <14> „Operationen der Dateiverarbeitung" ist anzumerken, daß es im wesentlichen folgende Grundoperationen der Dateiverarbeitung gibt:

- * **Dateieröffnung**: damit wird die Datei zur Verarbeitung vorbereitet (OPEN);
- * **Dateneingabe**: neue Daten werden der Datei hinzugefügt (PRINT, WRITE, PUT);
- * **Datenausgabe**: Daten werden aus der Datei gelesen (INPUT, READ, GET);
- * **Datenlöschung**: Daten werden aus der Datei gelöscht, der frei werdende Speicherplatz wird für neue Datensätze verfügbar (DEL, ERASE);
- * **Schließung der Datei**: nach Beendigung aller Dateioperationen wird die Datei wieder abgeschlossen (CLOSE).

Bevor im folgenden auf verschiedene Speicher- und Zugriffsmöglichkeiten von Dateien etwas näher eingegangen wird, sei in diesem Zusammenhang darauf aufmerksam gemacht, daß Dateiverarbeitung eigentlich das Hauptanwendungsgebiet der allgemeinen Datenverarbeitung bildet. In jedem Fall, wo Informationen in Form maschinenlesbarer Daten gesammelt, gespeichert, verarbeitet und wieder abgerufen werden, werden dafür Dateiverarbeitungssysteme eingesetzt.

<4.1> Die reihenorientierte Datei

Diese Dateiart wird auch sequentielle oder serielle Datei genannt, da ihre Datensätze hintereinander abgespeichert werden und nur über sequentiellen Zugriff wieder gelesen werden können. Diese Zugriffsart nennt man Reihenfolgezugriff. Die sequentielle Dateiform wird vorwiegend bei Magnetbändern und Magnetbandkassetten angewendet, sie kann aber auch auf Disketten und Magnetplatten verwendet werden. Um einen bestimmten Datensatz zu finden, müssen zuerst alle vorhergehenden Datensätze durchgesucht werden. So kann man einen fortlaufenden Text als Sequenz der Textzeilen betrachten, wobei nur fortlaufend erstellt und auch nur fortlaufend gelesen werden kann. Diese eingeschränkten Möglichkeiten des Lesens und Schreibens in Form des sequentiellen Zugriffs hängen von den Gegebenheiten der externen Speichermedien ab. Eine sequentielle Datei läßt sich sehr leicht vorstellen, wenn man einen Papierstreifen an einem Fenster vorbeiführt, wobei entweder geschrieben oder gelesen werden kann, geradeso wie bei einer Tonbandkassette, bei der das Band für Aufzeichnung oder Wiedergabe an einem Tonkopf vorbeigeführt wird.

Abb. 8 : Sequentielles Lesen

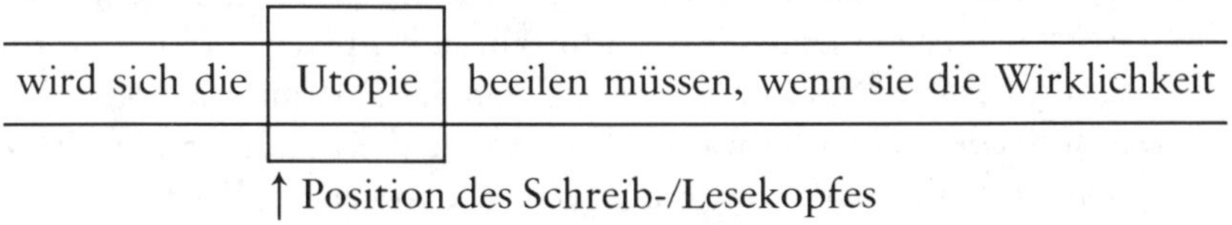

<4.2> Die satzorientierte Datei

Diese Dateiart wird auch relative Datei oder Datei für wahlfreien Zugriff genannt. Bei dieser Dateiart kann jeder Datensatz direkt adressiert werden, d. h. beim Schreiben und Lesen kann die entsprechende Speicherstelle auf dem Datenträger sofort über seine Datensatznummer aufgefunden werden. Die Datenträger, die diese Speicherungs- und Zugriffsweise ermöglichen, sind die sogenannten Direktzugriffsspeicher wie Arbeitsspeicher, Disketten, Platten und Magnetblasenspeicher.

<4.3> Indexsequentielle Datei (ISAM-Datei)

Um eine Datei nicht ständig umsortieren und umorganisieren zu müssen, wenn auf Grund von Neueintragungen und Löschungen Änderungen in ihrem Bestand an Datensätzen und deren Reihenfolge vorgenommen worden sind, gibt es eine Methode, für jeden Suchschlüssel (key) einen Index als Zeigerdatei aufzubauen, z. B. für Verfasser, Körperschaften, Verlage, Signaturen usw. Jeder dieser Suchindices enthält neben dem Suchbegriff auch den Index (Datensatznummer, Zugriffsindex) des betreffenden Datensatzes. Damit kann der entsprechende Datensatz sehr rasch gefunden werden. Bei jeder Arbeit an der Datei (Einfügen, Löschen, Korrigieren) bleibt die Position der bisherigen Datensätze unverändert, während alle bestehenden Indices so ergänzt und neu sortiert werden, daß von jedem Index aus der richtige Datensatz sofort gefunden werden kann. Die englische Abkürzung ISAM bedeutet „index-sequential acces method". Wenn jedoch die Datei selbst reorganisiert wird, dann ist es auch notwendig die zugehörigen Suchindices zu reorganisieren.

<5> Datenbank und Datenbanksystem

Mehrere Dateien werden zu einem logischen Ganzen verbunden und bilden so eine Datenbank. Dabei ist zu unterscheiden zwischen Stammdateien, die sich selten ändern, und Dateien, deren Bewegungsdaten laufend Änderungen unterworfen sind oder die gar nur vorübergehend gespeichert werden. Daten, die andauernd bzw. unvorhersehbar oft benötigt werden, müssen ständig aktuell und zugriffsbereit zur Verfügung stehen. Dies ist bei Stammdaten der Fall, auf die von vielen Anwendungsbereichen häufig und oft sogar gleichzeitig zugegriffen wird. Die Verwaltung der Stammdaten sollte wegen des Erfordernisses hoher Aktualität weitgehend dialogisiert sein.

So besteht z. B. eine bibliothekarische Datenbank wie die Zeitschriftendatenbank des Deutschen Bibliotheksinstituts (DBI) grundsätzlich aus drei großen, zusammengehörigen Dateien, nämlich einer Titeldatei mit den bibliographischen Datenfeldern, einer Körperschaftsdatei und einer mit der Titeldatei verknüpften Bestandsdatei, in der zu jedem Titel die Bestände der Teilnehmer-Bibliotheken nachgewiesen sind.

Praktikable und effiziente Lösungen setzen also die Zusammenfassung der Daten in einer Datenbank voraus. Unabhängig vom Anwenderprogramm muß dafür ein Datenbank-Management-System (DBMS) verfügbar sein, das für mehrere gleichzeitig laufende Anwenderprogramme den Zugriff zu den Daten für alle möglichen Dateioperationen besorgt. Dieses DBMS ist auch für alle organisatorischen Maßnahmen verantwortlich, wie Zugriffsberechtigung, Datensicherung und Integrität der Daten, Sperrmechanismen und Prioritäten bei gleichzeitigem Zugriff durch mehrere Teilnehmer auf denselben Datensatz.

Ein Datenbanksystem ist wiederum ein Gebilde höherer Ordnung, bei dem mehrere Datenbanken zu einer übergeordneten logischen Einheit verbunden werden, wie etwa in einem automatisierten Bibliotheks-Verbund-System. In diesem Zusammenhang spricht man auch von verteilten Datenbanken, etwa in Analogie zur verteilten Rechnerleistung oder verteilten Datenverarbeitung (s. 8.1.2 u. 8.3). Auf diese Weise kann ein goldener Mittelweg zwischen zentraler und dezentraler Verarbeitung und Datenhaltung gefunden werden. Die Daten sollen an ihrem Entstehungsort erfaßt und verwaltet werden: Datenerfassung, Datenhaltung und Verarbeitung auf Kleinrechnern sowie im lokalen Bereich. Die Zentrale steuert und koordiniert die Benützung und Verwaltung der über ein Rechnernetz verstreut gespeicherten Datenbestände.

5.4.2 PHYSISCHE GLIEDERUNG

Betrachten wir nochmals einen Katalogzettel: der Zettel selbst bildet die physische Grundlage für den logischen Satz der Titelaufnahme. In diesem Sinne kann der Katalogzettel als physischer Datensatz gesehen werden. Wenn aber eine Titelaufnahme zu lang ist, so benötigt man einen zweiten oder gar einen dritten Zettel, also einen zweiten oder dritten physischen Satz, um den logischen Satz Titelaufnahme auf ein bis drei physischen Sätzen Katalogzettel unterbringen zu können. Umgekehrt könnte man sich auch vorstellen, daß - wie etwa bei Auftragungen von Stücktiteln zu Serien - mehr als eine Titelaufnahme auf einem Katalogzettel untergebracht werden kann. In diesem Falle beinhaltet der physische Satz Katalogzettel mehrere logische Sätze Titelaufnahmen.

Abb. 9: Beispiel einer Datei mit Datensätzen für ein Ausleihverbuchungssystem

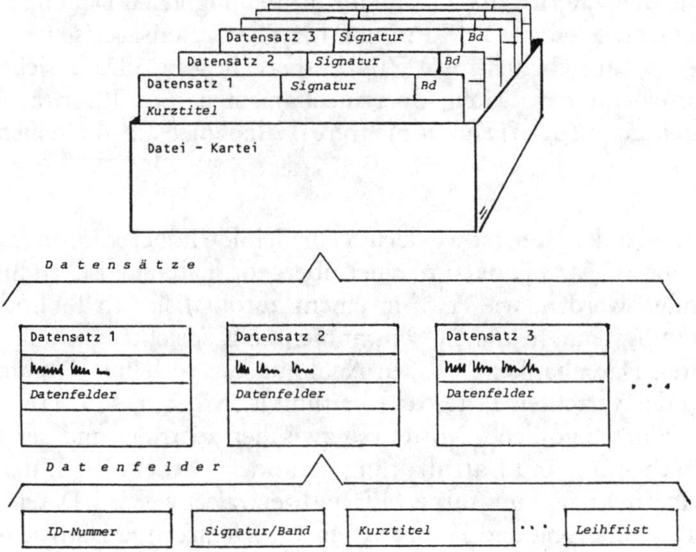

5.4.3 PHYSISCHE INFORMATIONSEINHEITEN

Das BIT gilt als kleinste physische Informationseinheit. Es kann, wie bereits ausgeführt, nur die Werte 0 oder 1, geladen oder nicht geladen, annehmen. Die nächst höhere Einheit, das BYTE, setzt sich aus 8 BITs zusammen und dient zur Darstellung eines Zeichens (Buchstabe, Ziffer, Sonderzeichen) oder von zwei gepackten Dezimalziffern. Die kleinste logische Informationseinheit Zeichen deckt sich hier mit der zweiten Stufe der physischen Einheit BYTE. Im allgemeinen stellt das BYTE auch die kleinste adressierbare Speichereinheit dar. Selbstverständlich gibt es auch Programmiertechniken, die es erlauben, auf einzelne Bits zuzugreifen.

Aus programmtechnischen Gründen werden Daten je nach Bedarf zeichenweise (Byte für Byte) oder als zusammenhängende Einheit (z. B. Kategorienfeld **Verfasser** oder Datensatz **Titelaufnahme**) verarbeitet. So wie man für Katalogzettel zweckmäßigerweise ein einheitliches physisches Format (12.5 x 7.5 cm) benützt, auf welches variabel lange Titelaufnahmen geschrieben werden können, so werden bei einem bestimmten Verarbeitungsprogramm ebenfalls physisch gleich lange Sätze, sogenannte Blöcke ganz bestimmter Länge, zu Trägern von Datensätzen fester oder variabler Länge. Ein typisches Beispiel eines solchen Blocks stellen die 80-spaltigen Lochkarten oder die Sektoren einer Diskette zu 128, 256 oder 512 Bytes dar.

Es gibt aber auch viele, entweder aus technischen Gründen sinnvolle oder aber auch vom Programmierer und Anwender in gewissen Grenzen frei wählbare Blocklängen, in denen dann je nach Problem und Datenart ein oder mehrere logische Datensätze oder auch nur Teile von solchen gespeichert werden können.

Tab. 10: Hierarchische Beziehungen

Hierarchische Stufe	physische Hierarchie	datenlogische Hierarchie	bibliothekarisch-bibliographisch
Kleinste Einh.	Byte = 8 Bits	Zeichen	Zeichen
2. Stufe	Feld	Datenfeld	Kategorie
3. Stufe	Satz, Block	Datensatz	Titelaufnahme
4. Stufe	Magnetband Diskette Platte	Datei File	Titeldatei Katalog
5. Stufe	Platten- system	Datenbank Datenbasis	Bibliothekari- sche Datenbank
6. Stufe	Vernetztes Platten- system	Datenbank- system Verbundsysteme	Gesamtkataloge Zentralkataloge Bibl.-Verbund

5.4.4 DATENARTEN

<1> Konstante und Variable

Konstante sind die in einem Programm verwendeten unveränderlichen Werte wie Pi oder etwa ein Verzinsungsfaktor, aber auch ein Standardtext wie **(Hrsg.)**. Man unterscheidet numerische und alphanumerische Konstanten.

Konstante werden durch ihren Wert angegeben. Man schreibt also nicht Pi, sondern 3.14159. Aus dieser Wertangabe ist auch die verwendete Genauigkeit ersichtlich.

Mit einer Variablen wird der Name für einen Speicher festgelegt, dessen Inhalt (Wert) sich während des Programmlaufes verändern kann. Wie in der Mathematik werden auch in einer Programmiersprache Variable durch Buchstaben stellvertretend für die sich ändernden Zahlen verwendet. Auch hier unterscheidet man zwischen numerischen und alphanumerischen Variablen. Jede Variable wird mit einem Namen bezeichnet.

<2> Numerische Variable

Computerintern wird natürlich dual und hexadezimal gerechnet. Die Ein- und Ausgabe erfolgt in der Regel aber in dem uns aus der täglichen Praxis geläufigen Zehnersystem. Für die Eingabe und Ausgabe stehen 3 Formatarten zur Verfügung: ganze Zahlen, Festkommazahlen und Gleitkommazahlen.

<2a> Ganze Zahlen, Integers

Für viele Anwendungsprobleme genügt ein kleiner Zahlenbereich. Dafür können sogenannte Integer-Variable verwendet werden. Man nennt sie auch Ganzzahl-Variable. Sie benötigen für ihre interne Darstellung bei den meisten Systemen nur 2 Byte als Speicherplatz und gelten damit nur für den dezimalen Wertebereich von –32767 bis + 32768.

<2b> Festkommazahlen, Reals

Diese sind ganze Zahlen mit Vorzeichen, gefolgt von einem Dezimalpunkt. Nach dem Dezimalpunkt könnnen mehrere Dezimalstellen folgen. Führende und nachlaufende Nullen sind überflüssig. Festkommavariable können für die volle Genauigkeit unter Ausnützung des gesamten Rechenbereiches des Computers verwendet werden.

<2c> Gleitkommazahlen

Hier handelt es sich um Festkommazahlen in exponentieller Schreibweise. Damit können sehr große und sehr kleine Zahlen vereinfacht dargestellt werden. Gleitkommazahlen werden wie folgt dargestellt:

```
± n E ± b
│ │ │ │ └── Exponent
│ │ │ └──── Vorzeichen des Exponenten
│ │ └────── Exponentenzeichen
│ └──────── Zahl
└────────── Vorzeichen der Zahl
```

<3> Alphanumerische Daten

Diese Daten haben keinen numerischen Wert, mit welchem Rechenoperationen durchgeführt werden sollen, auch dann nicht, wenn innerhalb der Daten Ziffern vorkommen sollten: mit einem Geburtstagsdatum wird nur in bestimmten Anwendungsfällen (z. B. Kalender- und Horoskop-Probleme) gerechnet. Alphanumerische Daten sind also grundsätzlich keine Zahlenwerte, sondern stellen Ketten von Buchstaben, Ziffern und Sonderzeichen dar, d. h. es handelt sich um Texte wie Namen, Artikelbezeichnungen, Anschriften u. dgl. Man spricht auch von Zeichenketten (strings). Analog zu den numerischen Daten gibt es auch hier Konstante und Variable, jedoch sonst keine besonderen Formatunterscheidungen.

<3a> Alphanumerische Konstante (Textkonstante, Zeichenkonstante, Strings)

Textkonstante werden einfach durch Anführungszeichen gekennzeichnet: „ADAM“, „Eingabe der Daten“, „Name:“, etc. In Ergibt-Anweisungen stehen sie stets rechts vom Gleichheitszeichen.

<3b> Alphanumerische Variable (Zeichenkettenvariable, Textvariable, Stringvariable)

Textvariable werden mit einem Variablennamen gekennzeichnet, dessen Charakteristikum in den meisten Programmiersprachen ein Unterscheidungsmerkmal zu den anderen Datenarten (Zahlen als Rechengrößen) darstellt.

<4> *Listen und Tabellen*:

Listen und Tabellen werden für Gruppen von Variablen verwendet, die denselben Namen, aber verschiedene Indices besitzen. Man spricht auch von Feldern oder Arrays. Diese enthalten mehrere gleichartige Datenelemente, z. B. Zahlen oder Texte. Sie werden am Programmanfang (d. h. vor der ersten Benützung) mit Hilfe einer Dimensionsanweisung vereinbart.

Ein eindimensionales Feld wird auch als Vektor bezeichnet. Die einzelnen Elemente eines Vektors werden durch einfach indizierte Variable gekennzeichnet, z. B. A(7) als das siebente Element des Vektors A.

Vektor A = < A(0),A(1),A(2),A(3),A(4),A(5),A(6),A(7),A(8) >

Jedes Datenelement belegt bei der Verarbeitung im Computer einen Speicherplatz oder einen zusammenhängenden Bereich von Speicherplätzen, wie etwa:

Name des Feldes ≫	A(0)	A(1)	A(3)	. . .	A(N)
Feldinhalt ≫	12	17	9	. . .	11

oder

Name des Feldes ≫	Familienname	Vornamen	Titel
Feldinhalt ≫	Goethe	Johann Wolfgang von	Faust
	Gogol	Nikolai	Der Revisor

Bei zweidimensionalen Feldern werden die einzelnen Elemente durch doppelt indizierte Variable vertreten, z. B. X(4,2), d. h. dieses Element steht in der vierten Zeile und zweiten Spalte der Matrix X.

$$\text{Matrix} = \begin{matrix} X(1,1) & X(1,2) & X(1,3) & X(1,4) \\ X(2,1) & X(2,2) & X(2,3) & X(2,4) \\ X(3,1) & X(3,2) & X(3,3) & X(3,4) \\ X(4,1) & X(4,2) & X(4,3) & X(4,4) \\ X(5,1) & X(5,2) & X(5,3) & X(5,4) \end{matrix}$$

Da die arithmetische Schreibweise mit tiefgestellten Indizes in der Datenerfassung nicht möglich ist, werden die Indizes in Klammern angegeben.

5.5 GRUNDOPERATIONEN

Die zur Verfügung stehenden Operationsmöglichkeiten sind sowohl von der einfachen Anwendung der Grundrechenarten als auch von der Verwendung der Taschenrechner her bekannt. Sie werden für die Durchführung von Rechenoperationen verwendet. Im weiteren Sinne zählen dazu auch Berechnungen gewisser Funktionen, wie etwa Prozente, Wurzeln, Winkelfunktionen, Rundungen u. dgl.

5.5.1 ARITHMETISCHE OPERATOREN

In fast allen Programmiersprachen werden folgende arithmetische Operatoren verwendet:

Operator	Bedeutung	Beispiel	Math. Schreibweise
+	Addition	D + E + G	d + e + g
-	Subtraktion	B - C	b - c
*	Multiplikation	M * N	mn oder m.n
/	Division	P/Q	p:q
↑ oder **	Potenzierung	R**3	r^3

Diese arithmetischen Operatoren werden für die Bildung von mathematischen Ausdrücken verwendet, welche in Berechnungen und Vergleichsoperationen vorkommen. Im übrigen gelten die allgemeinen mathematischen Prioritätsregeln, deren Reihenfolge durch Klammern geändert werden kann.

5.5.2 VERGLEICHSOPERATOREN FÜR ENTSCHEIDUNGEN

Um sich für eine von zwei oder mehreren Möglichkeiten von Verarbeitungsschritten entscheiden zu können, werden in den Programmiersprachen Operatoren verwendet, die eine Verzweigung zum einen oder anderen Ablaufteil veranlassen.

Mit der in Programmiersprachen üblichen Anweisung IF-THEN (wenn - dann) können Werte verglichen werden. Dabei sind folgende Vergleichsmöglichkeiten gegeben:

= gleich
\> größer als
< kleiner als
= > größer oder gleich (auch > =)
= < kleiner oder gleich (auch < =)
< > ungleich (auch > <)

Die zu vergleichenden Werte müssen vom gleichen Typ sein, d. h. Zahlen sind mit Zahlen und Zeichenketten mit Zeichenketten zu vergleichen.

5.5.3 LOGISCHE OPERATOREN

Logische oder Boolesche „Ausdrücke" und Operatoren werden in Verbindung mit Bedingungen und logischen Variablen zur Bildung von logischen Ausdrücken benützt. Wie Bedingungen sind logische Ausdrükke bei bestimmten Werten entweder wahr oder falsch. Die logischen Operatoren dienen zur Verknüpfung von Bedingungen.

UND

Mit UND (AND) werden zwei Bedingungen zu einer zusammengesetzten Bedingung verknüpft, die dann WAHR ist, wenn beide Einzelbedingungen erfüllt sind.

Bsp: Wenn Name = „Maier" UND Vorname = „Hans" dann ... sonst ...
Wenn A < 10 UND B > 3 dann ... sonst ...

ODER

Mit dem logischen Operator ODER (OR) werden zwei oder mehr Bedingungen zu einer zusammengesetzten Bedingung verknüpft, die immer dann WAHR, d. h. zutreffend ist, wenn mindestens eine der Einzelbedingungen erfüllt ist.

Bsp.: Wenn C > CX ODER D < XX ODER D < XY dann ... sonst ...
Wenn A$ = „Verfasser" dann ... sonst ...

NICHT

Mit dem logischen Operator NICHT (NOT) wird der Wahrheitswert einer Bedingung umgekehrt. Ein Beispiel: wenn man alle Werke mit dem Titel „Faust“ aus einer bibliographischen Datei heraussuchen will, die „nicht Goethe“ als Autor haben, dann ist beim Suchvorgang der Operator NICHT zu verwenden.

Bsp.: Wenn NICHT CX dann ... sonst ...

5.5.4 TEXTOPERATIONEN – ZEICHENKETTENVERARBEITUNG (string manipulation)

Im IuD-Bereich ist der Anteil der Zeichenkettenverarbeitung besonders hoch. Gute Programmiersprachen verfügen über Möglichkeiten der Zeichenkettenverarbeitung, die den Umgang mit Texten wesentlich erleichtern und die umständliche Programmierarbeit abkürzen. Zeichenketten können untereinander verglichen werden auf **größer**, **kleiner** oder **gleich** wie numerische Werte. Dabei können die unter 5.5.2 und 5.5.3 vorgestellten Grundoperationen zur Anwendung kommen. Die Grundlage des Vergleiches bildet dabei der jeweilige Code-Wert eines Zeichens in der Kette u. zw. jeweils nach dem verwendeten Code.

Besonders nützliche Anwendungen sind das Zusammenfügen (concatenation) und das Trennen von Zeichenketten. Wichtig ist auch die Abfrage der Länge einer Zeichenkette, was z. B. beim Zeilenumbruch eines Textes von Bedeutung ist. Nicht zu vergessen ist weiters die Möglichkeit, innerhalb eines Textes nach bestimmten Wörtern suchen zu können (Instring-Funktion).

5.6 EIN KATEGORIENSCHEMA UND DAS DAZUGEHÖRIGE DATENFORMAT

Will man bibliographische Daten eines Titels maschinenlesbar erfassen, so daß sie nach verschiedenen Gesichtspunkten wieder verarbeitet, selektiert und geordnet werden können, dann müssen für die einzelnen bibliographischen Elemente getrennte Datenfelder, sogenannte Kategorien, festgelegt werden. Jedes bibliographische Element belegt somit eine Kategorie; es erhält ein entsprechendes Etikett, welches über Art und Inhalt dieser Kategorie Aufschluß gibt, die sogenannte Kategorienkennung oder die Kategorienposition relativ zu den übrigen Kategorien.

Wegen der internen Struktur des bibliographischen Datenformates kann über die Kategorienkennung bzw. deren Position jedes bibliographische Element getrennt angesprochen werden, was eine Verarbeitung dieser Daten trotz einmaliger Speicherung nach den verschiedensten Gesichtspunkten erlaubt.

5.6.1 DAS KATEGORIENSCHEMA EINER TITELAUFNAHME

Um Titelaufnahmen edv-gerecht erfassen zu können, dient ein Kategorienschema, das neben der Aufzählung der zu erfassenden Kategorien bibliographischer Elemente auch eine Erfassungsanleitung und eine Beispielsammlung enthalten sollte. Zusammen mit der Erfassungsanleitung hat es also dieselbe Funktion wie Katalogisierungsregeln (z. B. Preußische Instruktionen, RAK, AACR).

Ein Kategorienschema beruht auf der Summe der Kategorien, die für die Erfassung der bibliographischen Elemente einer Dokumentationseinheit (Titel) für ein bestimmtes Datenerfassungssystem bzw. Datenformat in eine Ordnung gebracht werden, und zwar einschließlich der Kategorienkennungen bzw. Kategorienpositionen und der Kategoriennamen. Manche Informations- und Dokumentationssysteme sind so konzipiert, daß sie zu Beginn der Anwendung die freie Definition eines Kategorienschemas erlauben (z. B. INDICAT, dBASE III, OPEN ACCESS, SYMPHONY, FRAMEWORK, BIBLIO-GRAMM, DATASTAR). Seit der Entwicklung der ersten Datenformate (um 1965-1970: MARC, DFG-Schema, Regensburger und Konstanzer Datenformat) ist die Zahl der nunmehr existierenden Kategorienschemata schon eine unbekannte Größe geworden, wie etwa folgende Namen erahnen lassen:

ABT-Format	Format der Arbeitsstelle für Bibliotheks-Technik
ADEK	Allgemeiner Daten-Erhebungs-Katalog
BIKAS-Format	Format des Bielefelder Katalog-Systems
BIKAT	Bibliographie-Kategorienschema
BNBMARC	British National Bibliography - MARC
CCF	Common Communication Format

COMARC	Cooperative MARC
DB-Format	Format der Deutschen Bibliothek
DFG-Schema	Schema der Deutschen Forschungsgemeinschaft
INTERMARC	Internationales MARC-Format
MAB1	Maschinelles Austauschformat für Bibliotheken
MADOK	Maschinelles Austauschformat für Dokumentationen
MARC	Machine Readable Cataloging
UNIMARC	Universal MARC u.a.

Wenn für eine bestimmte Anwendung ein entsprechendes Kategorienschema gewählt wurde, muß in weiterer Folge stets beachtet werden, daß für sämtliche Datensätze einer Datei (z. B. Titel einer Dokumentation oder Bibliographie) bzw. für das entsprechende Druckbild und für Suchverfahren auch wirklich dieselbe Datenstruktur mit ihrer zugehörigen Kategorienzuordnung in gleichbleibendem Sinne verwendet wird. Bei Übernahme von Daten aus einem anderen Datenformat muß daher vor einer weiteren Verarbeitung im eigenen Format eine Transformation der Daten durchgeführt werden, wobei nicht nur die Struktur der Datensätze sondern auch die Kategorienkennungen bzw. Kategorienpositionen adaptiert werden müssen. Für den Datenaustausch im Zuge der Ausnützung von Fremdleistungen wurden entsprechende Austauschformate wie MAB1, INTERMARC und UNIMARC entwickelt. An der Deutschen Bibliothek in Frankfurt am Main wurde für die Erfordernisse des internationalen Datenaustausches und für die Ausnützung von Fremdleistungen sowie für die Weiterentwicklung auf diesem Gebiete ein eigenes UNIMARC-Büro eingerichtet.

Tab. 11: Kategorienschemata (Beispiele)

Kategorien-Name	Kategorien-Kennung einiger Datenformate				
	MARC II	BIKAS	MAB1	ABT-Format	BIKAT
UDK-Notation	080		700		1
UDK-Begriff			715		2
1. Verfasser	100	21a	100	PNA	4
2. Person	700	22	104	PNB	5
3. Person	700	23	108	PNC	6
1. Körperschaft	110	31a	200	KVA	8
Hauptsachtitel	245	35	310	STA	9
Auflagebezeichng.	250	41	403	AUF	12
Erscheinungsort	260a	43	410	VOA	13
Verlag	260b	44	412	VLA	13
Ersch.-Jahr	260c	45	425	EJ	14
In-Vermerk (Dok.)					27

Wie man sieht, wird jedes bibliographische Feld durch ein Kategorienfeld repräsentiert, der logische Satz hingegen durch das gesamte Kategorienschema, wobei aber durchaus einzelne Kategorien nicht belegt sein müssen, wenn kein bibliographisches Element (z. B. kein 2. und 3. Verfasser) vorkommt.

Tab. 12: Beispiel: MINI-Kategorienschema für ein Übungsprogramm in BASIC

Kategorien-Nr.	Kategorien-Name	Mnemo-Code	BASIC-Name
1.	ISBN/ISSN	ISB	IS$
2.	Duplizitäts-Code	DUP	DU$
3.	1. Verfasser	VER	V1$
4.	1. weitere Person	WPA	V2$
5.	2. weitere Person	WPB	V3$
6.	1. Körperschaft	KUR	K1$
7.	Hauptsachtitel	HST	TI$
8.	Zusätze zum HST	ZUS	ZU$
9.	Auflage	AUF	AU$
10.	Ort	ORT	01$
11.	Verlag	VLG	VL$
12.	Jahr(e)	JAR	JR$
13.	Umfangsangabe	UMF	UM$
14.	Gesamtheit	GES	GE$

5.6.2 DATENFORMATE UND BIBLIOTHEKARISCHE EDV-SYSTEME

In der bibliothekarischen Datenverarbeitung nimmt der Problembereich maschinenlesbare Datenerfassung und Verarbeitung (Katalogdruck und Informationsdienste) eine sehr wichtige Position ein. Hervorzuheben ist, daß jede Datenerfassung (auch für die konventionelle Verarbeitung) eine logisch klare und eindeutige Definition aller Teile einer Dokumentbeschreibung voraussetzt, ganz zu schweigen von der Wirtschaftlichkeit und Zweckmäßigkeit der Gesamtkonzeption. Werden nun diese Dokumentbeschreibungen in EDV-gerechter Form aufgenommen, so bestehen zusätzlich zu den verschiedenen Formen des Katalog- und Registerdrucks die folgenden Möglichkeiten:

* **DATENAUSTAUSCH:** z. B. über Magnetband-Austausch oder Fernverarbeitung;

* **DATENTRANSFORMATION:** z. B. Umwandlung eines allgemeinen Datenformates in ein spezielles und umgekehrt;

* **EINBEZIEHUNG** in ein übergeordnetes Verbundsystem (Bibliotheksverbund, Bibliotheksnetz, Library Network).

Daraus wird deutlich, daß die wichtigste Voraussetzung für ein automationsunterstütztes Informationssystem ein allgemeines Kategorienschema und ein dementsprechendes Datenformat ist und nicht ein bestimmtes EDV-Programm oder gar ein ganz bestimmter Computer. Natürlich darf ein derartiges Datenformat deswegen nicht ohne Kenntnisse der möglichen und wirtschaftlichen Formen der EDV festgelegt werden. Ein genauer Vergleich verschiedener bereits verfügbarer Softwareprodukte mit den ihnen zugrundeliegenden Konzeptionen und Datenformate ist deswegen unbedingt erforderlich.

Unter einem Datenformat versteht man im allgemeinen die Art und Weise, wie eine Information (z. B. Datensatz einer Titelaufnahme) in der Maschine intern dargestellt wird. Im Gegensatz zur internen Zeichendarstellung nach einem bestimmten Code geht es hier um den Zusammenhang und die Speicherungsorganisation der zu einem Datensatz gehörenden Datenfelder, also um solche Daten, die nur Speicherorganisation und solche, die nur Informationsdaten darstellen.

Ein Programmsystem für Dokumentations- und Bibliotheksprobleme im Hinblick auf die wiederholte Verwendung eines Titeldatensatzes von der Bestellung bis zur laufenden Information sollte folgende wichtige Eigenschaften aufweisen:

1) freie Wahl des Kategorienschemas durch den Anwender für einen vorgegebenen Typ von Dokumenten;

2) weitgehende Freiheit bei der Definition des Datenformates, ohne dabei programmieren oder verändernd in das Programm eingreifen zu müssen;

3) Austauschbarkeit des Datenformates;

4) Erleichterungen und Hilfen bei der Datenerfassung und Datenkorrektur;

5) freie Gestaltung des Druckbildes in Katalogen und Registern;

6) Möglichkeit der Selektion von Dokumenten einer Datei nach gewissen Texten, Textteilen und sonstigen Merkmalen und Dateninhalten;

7) einfache Bedienung und ausreichende und verständliche Fehlerdiagnose;

8) Datentransformation: Möglichkeit der Überführung eines Datenformates in andere, frei wählbare Formate (Spezialfall: Bildung von Derivat-Dateien; Transformation vom ABT-Format in MAB1 oder COMARC u.a.);

9) Wirtschaftlich effiziente Verarbeitung.

Oft ist es wichtig, daß die Quellprogramme in einer höheren Programmiersprache vorliegen, damit das System leicht auf andere Rechenanlagen übertragen werden kann. Darüber hinaus muß das System in einem geeigneten organisatorischen Gesamtrahmen eingebaut werden können, wenn optimale Ergebnisse erzielt werden sollen.

Bei der maschinenlesbaren Titelaufnahme werden die bibliographischen Elemente den einzelnen Kategorien zugeordnet, z. B. in der folgenden Aufnahme nach dem X-Schema:

Abb. 10: Kategorisierte Titelaufnahme

Name der Kategorie	Nr. Kat.	Datenfeld-Inhalt Kategorieninhalt (bibliogr. Text)
ID-Nr.	01A	123
1. Verf.	10A	Zeßner-Spitzenberg, Josef
Haupttit.	13A	Der Arbeitskreis für Bibliotheksreform beim Bundesministerium für Wissenschaft und Forschung
UDK	65A	02(436)
UDK-Term.	66A	Bibliotheken (Österreich)
In-Verm.	14I	Biblos. 21.197 2, S. 183–197

Ein Titel (logischer Satz) besteht aus Kategorien (Felder, bibliographische Elemente) mit fester oder variabler Anzahl von Zeichen:

FF: Festfeld: z.B.: ISBN 3-7940-2658-6
VF: Variables Feld: z.B: Goethe, Johann Wolfgang von

Alle Kategorien werden im Datenformat zeichenweise gespeichert:

Fast alle Arten der Verarbeitung einer Titeldatei führen auf das Grundproblem zurück, eine bestimmte bibliographische Kategorie in einem Titeldatensatz aufzufinden. Im Titel müssen daher bei bestimmten

Abb. 11: Zeichenweise Speicherung der bibliographischen Elemente

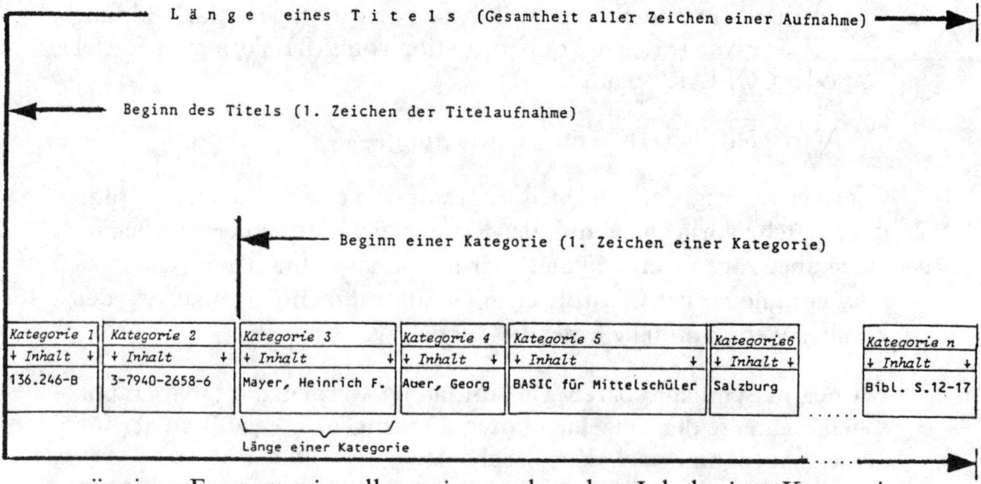

gängigen Formaten im allgemeinen neben dem Inhalt einer Kategorie (bibliographische Daten) auch ihre Länge in Zeichen oder Buchstaben, ihr Beginn (z. B. relativ zum Beginn des Titels) und ihre Kennung abgespeichert werden. Bei feststehender Anordnung der Kategorien innerhalb des Datensatzes kann die Speicherung der Kategorienkennung unterbleiben. Wenn es sich außerdem noch um Kategorien fester Zeichenlänge handelt, wird man auch die Kategorienlänge weglassen.

Beinahe alle bibliographischen Datenformate orientieren sich mehr oder weniger am ISO-Standard 2709, wobei die Organisation der Speicherung und Verwaltung der Längen- und Positionsangaben in ähnlicher Weise erfolgt. Meist wird die Zahl der Kategorien vor Benützung eines Programmsystems für ein bestimmtes Anwendungsformat im Dialog festgelegt. So ist es im Rahmen des Grundformates möglich, verschiedene zum Dokumenttyp passende Datenformate zu definieren.

Weiters sei noch bemerkt, daß ein Datenformat auch im Hinblick auf die häufigsten Verarbeitungsarten aufgebaut werden soll, um die Sucharbeit nach bestimmten Kategoriengruppen möglichst klein zu halten und so kostengünstig zu arbeiten.

Abb. 12: Beispiel der Struktur eines internen Datenformates

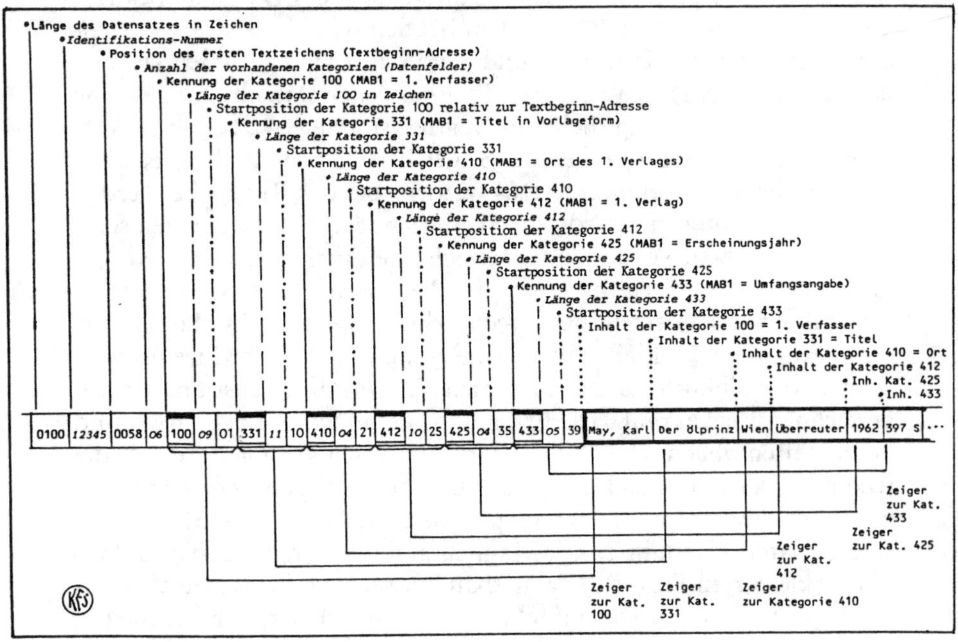

5.7 DATENERFASSUNG

Unter Datenerfassung wird der Vorgang verstanden, bei welchem die zu verarbeitenden Daten erstmalig auf einem maschinenlesbaren Datenträger aufgezeichnet oder direkt über eine Tastatur in den Arbeitsspeicher eingegeben werden. Bei der Aufzeichnung auf Datenträger spricht man von Offline-Erfassung, bei direkter Eingabe in den Computer von Online-Erfassung.

Wenn in den vorigen Abschnitten von den Daten und ihrer Eingabe die Rede war, so soll nicht übersehen werden, daß im EDV-Zeitalter die Erfassung der Informationsdaten gerade im Bibliotheks- und Dokumentationswesen eine permanente Hauptarbeit bleiben wird, da ein Informationssystem, welches nicht laufend mit neuen Daten angereichert wird, höchstens ein Testmodell für das zugehörige Programm darstellt. Die Datenerfassung ist im Anwendungsbereich von Bibliothek und Dokumentation deshalb so wichtig, weil die laufenden Kosten dafür oft mehr als 50% der Gesamtkosten des EDV-Betriebes ausmachen können. Dies gilt vor allem bei den datenintensiven Anwendungsbereichen Bibliographie und Katalogisierung. Effizienter wird das Verfahren dort, wo auf Grund vorhandener Datenbestände keine weitere Datenerfassung mehr notwendig ist, wie etwa bei einer Ausleihverbuchung, wo nur bereits gespeicherte Buch- und Leserdaten miteinander in Beziehung gesetzt werden. Bei der Rückgabe werden nur die Beziehungsdaten zwischen Buch und Leser wieder gelöscht. Ähnlich ist es beim Anwendungsbereich Literaturinformation, wo kumulierend gespeicherte bibliographische Daten immer wieder unter verschiedenen Fragestellungen recherchiert werden. Zur Lochkarte, die im Kapitel 5.2 erklärt wurde, muß gesagt werden, daß ihre Anwendung in der bibliothekarischen Datenerfassung als höchst unrationell bezeichnet werden muß. Die Erfassungsmethode auf Lochkarten und Lochstreifen, aber auch z. T. auf Klarschriftbelegen, ist heute durch die technologische Entwicklung bereits überholt. Magnetische Datenträger haben die mechanischen oder photoelektrisch lesbaren Medien abgelöst. Datenerfassung ist mit Magnetband und Magnetplatte und ihren verkleinerten Formen Magnetbandkassette und Diskette als Zwischenspeicher wesentlich einfacher, rationeller, sicherer und schneller, d. h. aber auch wirtschaftlicher geworden.

Der große Arbeitsbereich **Bibliographische Datenerfassung** (Katalogisierung) wird überwiegend via Terminal in kooperativer Arbeitsteilung in bibliothekarischen Verbundsystemen mit Hilfe der Datenfernverarbeitung durchgeführt. Ein Beispiel dafür ist etwa das OCLC-Netz (früher Ohio College Library Center, nunmehr Online Computer Library Center). Von mehr als 5000 an dieses EDV-Verbundsystem angeschlossenen Bildschirmterminals werden bibliographisch-bibliothekarische Daten der zentralen Datenbank benützt, ergänzt, berichtigt, vervollständigt oder neu aufgenommen.

Der effizienteste Anwendungsbereich ist die kooperative Katalogisierung, wobei jeder Titel nur einmal mit sämtlichen Standortnachweisen und bibliotheksindividuellen Daten jeder teilnehmenden bzw. besitzenden Bibliothek gespeichert wird. Von jedem Terminal aus wird dasselbe Programm benützt und sämtliche Datensätze besitzen dieselbe Struktur. Im Gegensatz zum Time-Sharing-Verfahren, bei welchem jeder Teilnehmer sein eigenes Programm und seine individuellen Daten benützt, wird bei der gemeinsamen Programmbenützung und zentraler Datenbank von Teilnehmerbetrieb gesprochen, weil alle mitarbeitenden Datenstationen an derselben Aufgabe beteiligt sind. Die Datenerfassung bildet einen Komplex, der mit der Entstehung der Daten beginnt und mit der Eingabe abgeschlossen wird. Organisatorisch gibt es zwischen diesen beiden Bereichen Lösungen mit und ohne Zwischenstufen, was auf die Effizienz bedeutenden Einfluß hat:

(1) Datenerfassung mit Urbeleg:

- Aufzeichnung auf Urbeleg (Datenerfassungsformular)
- Übertragung auf Lochkarte, Magnetband, Diskette u.a.

(2) Datenerfassung mit Urbeleg in einem Arbeitsgang:

- Zeichenlochkarte, Markierungslochkarte;
- OCR-Beleg = Klarschriftbeleg (OCR = Optical Character Recognition);
- synchrone Erfassung mit Büromaschinen und Datenerfassungssystemen der **direkten Datenverarbeitung** (DDV) oder auf Kassetten oder Disketten, wobei das System sowohl ein großer, als auch ein mittlerer oder ein Mikrocomputer sein kann.

(3) Datenerfassung und Dateneingabe in einem Arbeitsgang:

- Online-Datenerfassung;
- Direkt-Datenerfassung (auf Systemen aller Größenordnungen, auch Geräten der mobilen Datenerfassung im Taschenrechnerformat <MOBIDA, MDE>).

5.8 DATENSICHERUNG UND DATENSCHUTZ

Archivalische und bibliothekarische Daten haben zum Teil Ewigkeitswert. Im konventionellen Bibliotheksbetrieb zeigt sich dies in der Fürsorge für die Kataloge, die sämtliche Daten aller in der Bibliothek vorhandenen Bücher enthalten. An ein **Wegwerfen** oder **Löschen** der Daten war und ist nie gedacht worden. Damit werden die Daten aber immer mehr, es ist ein endlos wachsender Datenbestand. Das physische Pendant dazu ist der endlos wachsende Magazinsbestand, der in räumlicher Hinsicht Probleme verursacht.

Ein Bibliothekar, der sich in den Anfängen der Bibliotheksautomation Sorgen gemacht hat, ein **Magnetsturm** könnte die unsichtbar gespeicherten Daten wieder löschen, hatte mit seiner Befürchtung gar nicht so unrecht. Wer mit einer Diskette durch einen Kontrollpunkt einer Flugplatzsicherung gehen muß, dem kann es passieren, daß die Daten durch das magnetisch-elektronische Sensorsystem gelöscht oder verstümmelt werden. Ähnliches könnte auch beim Durchgang durch die Buchsicherungsanlage einer Bibliothek passieren. Der Autor dieses Buches konnte jedoch anläßlich seines Besuches in einer Universitätsbibliothek feststellen, daß auf der durchgeschleusten Diskette noch alle Daten ordnungsgemäß vorhanden waren. Trotzdem wird empfohlen, von jeder Daten- und Programmdiskette ein Duplikat anzufertigen.

Fehler in der maschinellen Betriebsbereitschaft, Schmutz, Stromstörungen (Blitzschlag, Stromausfall, Spannungsschwankungen) und Bedienungsfehler sowie Fehler im Programmsystem können Ursachen dafür sein, daß die Informationen auf dem Datenträger ganz oder teilweise unleserlich bzw. zerstört werden. Es muß beachtet werden, daß alle möglichen Fehler auch tatsächlich einmal auftreten können, egal ob es sich um menschliches oder maschinelles Versagen handelt. Folgende Fehlerquellen gilt es besonders im Auge zu behalten:

* falsche oder unvollständige Erfassung oder Direkteingabe der Daten, wodurch bereits die weitere Verarbeitung sinnlos wird, was jedoch bisweilen nicht gleich erkannt wird.
* Bedienungsfehler durch Fahrlässigkeit des Dienstpersonals;
* fehlerhafte Verarbeitung durch fehlerhafte Programme oder Betriebssysteme, die unzureichend ausgetestet wurden;
* fehlerhafte Verarbeitung aufgrund fehlerhafter, unklarer oder unzureichender Bedienungsvorschriften und/oder Hantierungsanweisungen.

Neben den soeben angeführten Möglichkeiten einer unsachgemäßen Datenverarbeitung aufgrund von Unwissenheit sowie leichter und grober Fahrlässigkeit gilt es, die schwer vorhersehbaren Fälle unrechtmäßiger bzw. der absichtlich mißbräuchlichen Nutzung zu verhindern. Eine besondere Gefahrenquelle sind dabei die Übergangsstellen von einem Verarbeitungs- bzw. Verantwortungsbereich zum anderen, da es hier am leichtesten möglich ist, Daten mißbräuchlich zu verwenden, zu verfälschen, zu stehlen oder unbrauchbar zu machen. Es ist daher grundsätzlich abzulehnen, daß z. B. Ausleihdaten zum Zwecke der Reorganisation oder Duplizierungssicherung regelmäßig von einer Bibliothek auf dem Bahnexpresswege zu einer anderen, weit entfernten Institution übersendet werden, wie dies in einem belegbaren Anwendungsfall über längere Zeit geschehen ist. Vielmehr sind die Möglichkeiten der Reorganisation und der Datensicherung bei der verarbeitenden Stelle selbst vorzusehen, die vorher skizzierte Lösung kann nur in Ausnahmefällen unter besonderen Datenschutzmaßnahmen vertreten werden.

Als oberstes Gebot gilt bei der Datensicherung für alle Datenträger:

> **Für jede Datei muß unmittelbar nach oder gleichzeitig mit deren Erstellung eine Kopie angefertigt werden!**

Eine Forderung, die bei vielen Bibliothekaren Verwunderung auslösen könnte, da doch Dubletten im Bestand nicht in jedem Fall erwünscht sind. Es ist jedoch eher der Vergleich mit Unikaten angebracht, da die Daten zumindest im Zeitpunkt ihres Entstehens einzigartig sind und die nochmalige Erfassung wesentlich mehr kosten würde als eine Kopie. Das Verfahren der Datensicherung kann durch Herstellung von Duplikaten der Datenträger oder durch Kopieren von einzelnen Dateien durchgeführt werden. Da die genannten Fehler jederzeit auftreten und damit zu einer Zerstörung der Daten führen können, sollte eine Datensicherungsmaßnahme jeweils ergriffen werden, solange der Aufwand für die nochmalige Erfassung der Daten nicht wesentlich größer ist, als der Aufwand für die ursprüngliche Herstellung der Daten.

Bei der Sicherung von Daten kann man nach dem **Vater-Sohn-Enkel-Prinzip** vorgehen: wenn eine bestehende Datei durch Erweiterungen, Löschungen u. dgl. verändert wird, dann ist die neue Datei der **Sohn** der alten Datei (Vater). Wird diese veränderte Datei (Sohn) weiter verändert, so entsteht eine weitere neue Datei (Enkel). Die **Vater-Datei** darf erst gelöscht werden, wenn die **Enkel-Datei** sicher abgespeichert wurde. Auf diese Weise besitzt man mindestens zwei Versionen einer Datei, bei denen die Unterschiede in Änderungen bestehen, die wegen ihrer Geringfügigkeit relativ leicht nachvollzogen werden können.

Folgende organisatorisch-technischen Maßnahmen dienen dem Schutz vor Zerstörung oder Verlust, aber auch vor mißbräuchlicher Verwendung von Daten:

* gesicherte Aufbewahrung von Datenträgern (z. B. Original und Duplikat an verschiedenen Stellen lagern; feuersichere Stahlschränke; Schutz vor Verwendung durch unbefugte und betriebsfremde Personen);

* periodische Herstellung von Duplikaten von Dateien und Programmbibliotheken nach dem Vater-Sohn-Enkel-Prinzip;

* Schutz vor unbeabsichtigtem oder unzulässigem Überschreiben oder Löschen von Dateien und Datenträgern (löschgeschützte Dateien und Datenträger: ähnlich wie etwa beim Aufzeichnungsschutz von Audiokassetten);

* Dateizugriffsschutz durch Überprüfung der Zugriffsberechtigung mit Hilfe von Paßwörtern (Password): nur berechtigten Mitarbeitern darf es möglich sein, auf die Informationen in den verschiedenen Dateien zuzugreifen, sie zu ändern oder gar zu löschen.

* Dateiänderungskontrolle durch Kompetenzfeststellung über Paßwörter, Plausibilitätsprüfung, Prüfziffernverfahren u.a.;

* betriebssystemmäßige Datengültigkeitsprüfung (Paritätsprüfung gegen Schreib-, Lese- und Übertragungsfehler), Plausibilitäts-Kontrollen und Prüfziffern gegen Eingabe von falschen Daten.

Zur physischen Datensicherung kommt als noch wichtigere Sicherungsmaßnahme der ideelle Datenschutz, der grundsätzlich schutzwürdige Interessen von Betroffenen berücksichtigt. Dabei gilt der Grundsatz, daß persönliche Daten nur für den vorher bestimmten (aber erlaubten) Zweck verarbeitet und gespeichert werden dürfen.

„Der verstärkte Einsatz der Computer einerseits und der damit im Zusammenhang stehende Aufbau von Datenbanken und Informationssystemen andererseits haben vollkommen neue Informationsmöglichkeiten geschaffen. Die neue Qualität der Informationsverarbeitung durch den Einsatz von Computern birgt aber eine Reihe von Gefahren in sich. Durch gesetzliche Regelungen soll daher ein Mißbrauch der Datenverarbeitung verhindert und sollen Regeln aufgestellt werden, die sich an den Grundsätzen einer freiheitlich demokratischen Gesellschaftsordnung orientieren. In diesem Sinn ist Datenschutz eine der großen Aufgaben der Gesetzgebungen aller westlichen Demokratien“. (L-50: Raab, S. 1)

Fast jeder Mitgliedstaat des Europarates verfügt bereits über ein Datenschutzgesetz.

Bundesrepublik Deutschland 1977
Das Bundesdatenschutzgesetz (BDSG v. 27. 1. 1977; BGBl. I, S. 201 ff.) der Bundesrepublik Deutschland, das am 1. 1. 1978 in Kraft getreten ist, lautet mit dem vollen Titel **Gesetz zum Schutz vor Mißbrauch personenbezogener Daten bei der Datenverarbeitung**. Dieses Gesetz beschränkt sich auf den Schutz vor Mißbrauch personenbezogener Daten, während die Daten juristischer Personen nicht davon betroffen sind.

Österreich 1978
Das österreichische Datenschutzgesetz (DSG) hat folgenden Titel: **Bundesgesetz vom 18. Oktober 1978 über den Schutz personenbezogener Daten**(BGBl. Nr 565/1978). Das österreichische Datenschutzgesetz geht über den Schutz personenbezogener Daten hinaus und findet auch die Daten von Körperschaften schutzwürdig.

Schweiz 1981
Richtlinien des Bundesrates für die Bearbeitung von Personendaten in der Bundesverwaltung vom 16. 3. 1981.

Europarat 1980
Überbereinkommen zum Schutz des Menschen bei der automatischen Verarbeitung personenbezogener Daten vom 17. 9. 1980.

Der Titel der Datenschutzgesetze sagt auch deutlich genug, was geschützt werden soll, nämlich **die schutzwürdigen Belange der Betroffenen**. Personenbezogene Daten reichen vom Namen, der auch in jedem Telefonbuch nachgeschlagen werden kann, bis zu sehr intimen Daten, die allgemein unzugänglich sind, wie etwa Blutgruppe, Krankheiten, Vorstrafen u. a. Die **Empfindlichkeit** des einzelnen bei Benützung seiner Daten kann bereits bei Nennung seines Geburtstages beginnen, worauf aber z. B. bei der Datenverarbeitung im Rahmen der Sozialversicherung nicht Rücksicht genommen werden kann. Auch bibliographische Angaben enthalten personenbezogene Daten, wie die Namen der Autoren, Herausgeber, Mitarbeiter usw., doch dürfen diese bei Bestandsnachweisen von Bibliotheken erfaßt, abgefragt und auch ausgedruckt werden. Eine zu enge Auslegung der Datenschutzbestimmungen im Bereich der Literaturdokumentation würde den berechtigten Zugang zu Literaturdaten erschweren und einschränken und wäre sicher nicht im Sinne der Datenschutzgesetze, da es sich meist um allgemein zugängliche Quellen wie National- und Spezialbibliographien handelt, die auch in gedruckter Form vorliegen.

Grundsätzlich gelten die Datenschutzgesetze für alle Betriebe und Ämter, die personenbezogene Daten speichern und automationsunterstützt verarbeiten. Bei Archiven trifft dies oft auf besonders sensible Informationen zu, die aber meist auf Grund anderer Vorschriften lange Zeit für die allgemeine Benützung gesperrt sind. Bibliotheken haben überwiegend im Bereich der Benützung mit personenbezogenen Daten zu tun. Hier gilt es vor allem sicherzustellen, daß Lesegewohnheiten und Informationen über den Lesestoff eines bestimmten Benützers nicht ausgewertet und übermittelt werden dürfen. Für konventionell in Karteien und Handbüchern verarbeitete Daten gilt das Gesetz nur dann, wenn Daten an Dritte übermittelt werden.

6. VON DER PROBLEMSTELLUNG ZUM PROGRAMM

Bei allem Bestreben jedoch, in einem der Entscheidung vorgeschalteten Aufklärungsprozeß alle Konsequenzen der Einführung der EDV in eine Bibliothek konkret zu erfassen, lehrt die Praxis dieser Entwicklung, daß manche Erkenntis über Nebeneffekte, die bei diesem Prozeß auftreten, und ihre Auswirkung auf die Bibliotheken vorher in einer theoretischen Erörterung nicht voll abzuschätzen sind. (Günther Pflug: Die Auswirkungen der Automatisierung auf die Bibliotheks-Verwaltung. -In: Verband d. Bibliotheken des Landes Nordrhein-Westfalen. Mitteilungsblatt. N. F. 26. 1976, S. 202.)

In diesem Kapitel werden die einzelnen Arbeitsschritte behandelt, die zur Entwicklung eines Programmsystems notwendig sind, und zwar angefangen von der Aufgabenstellung bis zur Produktionsreife.

Programme dienen entweder zur Lösung einer immer wiederkehrenden Aufgabenstellung eines bestimmten Problems oder im Rahmen eines übergeordneten Systems zur Erledigung einer Teilaufgabe, die sich wie ein Baustein in das komplexe Programmsystem einfügt. Der Teilaufgabe bzw. der **Insellösung** übergeordnet ist der Gesamtkomplex eines Betriebes oder einer Organisation. Teilaufgabe und Insellösung sollten daher stets im Hinblick auf die Eingliederung in ein System der integrierten Datenverarbeitung abgestimmt und entwickelt werden. Um diese Forderung erfüllen zu können, müssen für die Teilaufgabe auch Orientierungsvorgaben für ein Gesamtkonzept vorliegen. Bevor daher auf die Vorgangsweise zur Erstellung eines Programmes eingegangen wird, soll der übergeordnete Weg der Planung und Realisierung einer integrierten EDV-Organisation skizziert werden. Selbstverständlich gehört in den Bereich der Entwicklung eines EDV-Systems auch die Festlegung der Spezifikationen einer Hardware-Konfiguration, deren Ausschreibung und Auswahl. Für den Prozeß der Auswahlvorbereitung und der Auswahlentscheidung werden Bibliothekare und Dokumentare in zu geringem Ausmaß beigezogen, da man noch immer hören kann, sie verstünden nichts davon oder brauchten davon nichts zu verstehen. Es ist also schon viel erreicht, wenn sie wenigstens bei der Erarbeitung der Erfordernisse von der Funktionalität aus betrachtet frühzeitig beigezogen werden. Freilich ist es vergebliche Mühe, wenn Bibliotheksfachleute beigezogen werden, die noch nicht einmal BIT und BYTE unterscheiden können. Weiters ist es zu kritisieren, wenn von entscheidungsberechtigten Auftraggebern übersehen wird, daß Projektmanagement ein Full-time-job ist und nicht nur so neben den Tagesgeschäften miterledigt werden kann. Aus der Zwangslage, die sich ergibt, wenn ein sachkundiger Bibliothekar gleichzeitig die immer wiederkehrende Tagesarbeit und die Projektarbeit leisten soll, resultiert sehr häufig die Tatsache, daß Projekte endlos lange auf ihre Fertigstellung warten müssen.

„Eine Vermengung von Projektmanagement und Projektfacharbeit bedeutet die ständige Gefahr einer Verzettelung bzw. einer oberflächlichen Problemlösung". (L-20: Führungsaufgaben, S. 68).

Nur unter Berücksichtigung dieses Grundsatzes kann erwartet werden, daß „einmal festgelegte bzw. zugesagte Termine unter allen Umständen eingehalten werden sollen" (L-20: Führungsaufgaben, S. 75).

6.1 ORGANISATORISCHE PROJEKTARBEITEN: ORGWARE UND SOFTWARE

In den folgenden Übersichten sind nur die Realisierungsphasen dargestellt, wie sie bei der Durchführung des Projektes nacheinander und zum Teil in Rückkopplung in Angriff genommen werden sollten. Grundsätzlich sind jedoch bei jedem Vorhaben zusätzlich übergeordnete Gesichtspunkte zu berücksichtigen, die nicht nur vom Projektteam, sondern vor allem auch vom Auftraggeber kontrolliert werden sollten:

– Projektmanagement
– Terminplan

– Budget
– Personal.

In diesem Rahmen wird nur auf die Wichtigkeit dieser Voraussetzungen aufmerksam gemacht. Anstelle weiterer Ausführungen sei auf die besonders zutreffenden Festellungen in einem einschlägigen Buch verwiesen (L-13: Führungsaufgaben).

6.1.1 SYSTEMANALYSE

Die Systemanalyse umfaßt die Aufnahme, logische Analyse und konstruktive Kritik des Ist-Zustandes. Diese Kritik betrifft vor allem die Gesichtspunkte der Effizienz, der Wirtschaftlichkeit, Sparsamkeit, Richtigkeit und pünktlichen Durchführung der Aufgaben gemessen an den Zielen, die sich die Bibliothek gesetzt hat. Bei allen Organisations- und Rationalisierungsmaßnahmen ist grundsätzlich die Systemanalyse vorher durchzuführen und sie darf nicht nur auf die Fälle beschränkt bleiben, in denen Automationsvorhaben durchgeführt werden sollen.

Bei fast allen Automationsvorhaben, gleichviel ob es sich um Erstprojekte, um die Einbeziehung weiterer Bereiche in automationsunterstützte Verfahren oder um die Nutzung von Dienstleistungen eines Rechenzentrums handelt, erhebt sich stets zuerst die Frage nach der Betriebsorganisation. Schließlich geht es dabei auch und in entscheidender Weise um das Neu- und Umorganisieren bestehender Organisationsformen, was besonders in Bibliotheken wegen der meist seit langem gewachsenen Strukturen, deren Änderung von vielen Mitarbeitern als Störung empfunden wird, ein schwieriger und langwieriger Prozeß sein kann. Dieses Phänomen tritt aber bei allen Betrieben auf und ist nicht spezifisch für irgend eine Branche.

6.1.2 SYSTEMPLANUNG

Auf den Ergebnissen der Systemanalyse aufbauend, umfaßt die Systemplanung die Gestaltung des Soll-Zustandes, die Entwicklung der Zeit- und Terminpläne für die Realisierung und Einführung des Systems, die Auswahl der EDV-Anlage und die Kosten-Nutzen-Analyse.

Die Gestaltung des Sollzustandes bezieht sich auf Gliederung und Arbeitsteilung der Betriebsabläufe, auf das Regeln von Arbeitsvorgängen und Kommunikationswegen. Damit wird das Ziel verfolgt, die Funktionsfähigkeit der betrieblichen Vorgänge zu sichern und zu verbessern, mit einem Wort zu optimieren. Die vorhandene und neu zu gestaltende Organisation muß daher auf die Erfordernisse der EDV abgestimmt werden, aber auch umgekehrt. Eine einseitige Ausrichtung auf die Notwendigkeiten der Datenverarbeitung kann zu schwerwiegenden Störungen des Betriebsgeschehens führen! Im wesentlichen geht es um folgende Fragen:

* wie können Organisation, Arbeitsabläufe und Kommunikationsvorgänge entscheidend verbessert werden?
* welche Funktionen des Bibliotheksbetriebes sind überhaupt automatisierbar und welche sind auch wirklich dazu noch automationswürdig? Nicht alles, was automatisierbar ist, muß unbedingt automatisiert werden!
* Diese Fragen können von Bibliothek zu Bibliothek infolge verschiedener Aufgabenstellungen und Schwerpunktbildungen zu verschiedenen Antworten führen. Bei Archiven wird die Antwort gegebenenfalls so ausfallen, daß vor allem suchintensive Bereiche zuerst automatisiert werden, wie etwa Aktenregister.
* welche Konsequenzen ergeben sich aus dem EDV-Einsatz im Bereich der automationswerten Funktionen?
* mit welcher bereits fertig erhältlichen Bibliothekssoftware kann die angestrebte Organsiation realisiert werden? Oder sind neue Eigen- oder Auftragsentwicklungen notwendig?
* mit welcher EDV-Konfiguration und welcher Software sind die angestrebten Organisationslösungen am besten zu verwirklichen?
* welche Vorkehrungen sind zu treffen, damit Daten und Verfahren von einer Computergeneration zur anderen übertragen werden können?

6.1.3 SYSTEMAUFBAU

Dieser Entwicklungsabschnitt enthält die detaillierte Ausarbeitung des EDV-Systems, die Bestimmung und Programmierung der Programm-Module für die einzelnen Teilbereiche sowie die damit verbundenen Nebenarbeiten.

6.1.4 SYSTEMEINFUEHRUNG

Ein EDV-System kann nicht von heute auf morgen in den Routinebetrieb übernommen werden. Dazu bedarf es zahlreicher organisatorischer Vorbereitungen und einer gründlichen Schulung des Personals. Die Vorbereitungen für die Umstellung vom konventionellen oder bereits früher automatisierten Betrieb auf die neuen Erfordernisse sowie die Umstellung selbst zählen zur Systemeinführung. Ein wesentlicher Teil der Systemeinführung ist z. B. die Durchführung eines Parallel-Testbetriebes bis zur vollständigen Einführung der neuen Verfahren in den betreffenden Arbeitsbereichen.

6.1.5 SYSTEMANPASSUNG

Vom Zeitpunkt der Inangriffnahme der Systemanalyse bis zur Systemeinführung können Jahre vergehen. In dieser Zeit bleibt die Entwicklung von Soft- und Hardware nicht stehen. Aber auch die Betriebsorganisation und die Gesetzeslage sind keine statischen Gegegenheiten (man denke z. B. an die neuen Datenschutzgesetze oder zugehörige Novellierungen). Es ist daher nicht nur eine rollende Planung, sondern von Anfang an auch eine Systemanpassung vorzusehen, damit eine Angleichung der EDV-Organisation an neue Erfordernisse in betriebsorganisatorischer, wirtschaftlicher, technologischer, personeller und legistischer Hinsicht gewährleistet ist.

Bevor man die Lösung einer Aufgabe mit Hilfe eines Computers in Angriff nehmen kann, sind einige Vorfragen zu klären, um alle Arbeitsgänge des Programmes genau festlegen zu können, und zwar:

- Ist für das konkrete Problem der Einsatz der EDV überhaupt sinnvoll, notwendig, wirtschaftlich, zweckmäßig?
- Welche Endergebnisse sind erwünscht?
- Wie sollen die Ergebnisse dargestellt werden?

– Welche Eingabedaten sind zur Erreichung der gewünschten Ergebnisse erforderlich?
– Wie und auf welchen Datenträgern sind die Eingabedaten dargestellt und gespeichert?
– Wie können die Eingabedaten auf Fehler überprüft werden?
– Welche Lösungsmethode ist zielführend?
– Welche Geräte werden für die Ausführung des Programmes benötigt?

6.2 SOFTWAREENTWICKLUNG

Im Zuge der organisatorischen Vorbereitungen für ein Automationssystem werden die grundsätzlichen Vorgaben für die Programmplanung festgelegt. Zwischen der Problemstellung und dem fertigen Programm bzw. dem zufriedenstellenden Programmlauf-Ergebnis sind mehrere Arbeitsschritte in bestimmter Reihenfolge notwendig.

Mit der Frage **Was soll womit geschehen?** sind bereits zwei der wichtigsten Gesichtspunkte angedeutet:

6.2.1 DAS PROGRAMM (WAS soll WOMIT geschehen?)

Was mit den zu verarbeitenden Daten geschehen soll, wird durch die Reihenfolge der Anweisungen des Programmes festgelegt. Das Programm stellt gleichsam das Rezept dar, die Daten dienen als Zutaten.

Ein Programm wird auch mit dem Terminus **Algorithmus** bezeichnet. Der Algorithmus kann aber unabhängig von der Programmiersprache definiert werden. Diese Definition muß sich nicht unbedingt auf ein Computerprogramm beziehen. Auch eine Bedienungsanleitung für einen Rasenmäher stellt einen Algorithmus dar. Der Terminus Algorithmus geht auf den iranisch-arabischen Mathematiker **Al-Kwarizmi** zurück (Mohammed ibn Musa al-Chwarismi, auch al-Hwarizmi, al-Khwarizmi, mittellateinisch: Algorismi; + um 846 in Bagdad). Ein Algorithmus ist eine Folge von eindeutig bestimmten Anweisungen, mit deren Hilfe aus gegebenen Anfangswerten ein Ergebnis berechnet werden kann.

6.2.2 DIE DATEN (WOMIT soll WAS was geschehen?)

Womit das Programm arbeiten soll, das sind die Daten. Sie werden durch die Eingabegeräte eingelesen. Aber auch Zwischenergebnisse und Endresultate sind Daten, mit denen etwas geschehen soll.

6.3 REIHENFOLGE DER PROGRAMMERSTELLUNGSPHASEN

Wer schon genügend Übung besitzt, wird manches Programm ohne allzu viele Vorbereitungen kodieren können, so wie man ohne umfangreiche Konzepte einen Brief schreibt. Auch ein Auftrag an einen Mitarbeiter muß nicht immer in umständlicher Art und Weise vorbereitet und formuliert werden. Ähnlich ist es bei einem einfachen Programm. Ob solch eine Vorgangsweise eingeschlagen werden kann, hängt von der Kenntnis der Programmiersprache und vom Erfahrungsumfang des Anwenders sowie von der Komplexität des Problems ab. In der Regel wird jedoch nach einem bestimmten Konzept für die Programmerstellung vorgegangen. Auf dem Weg von der Problemformulierung bis zum fertigen Programm halten wir uns an folgende bewährte Reihenfolge:

<1> Aufgabenstellung, Problemdefinition und Problemanalyse

<2> Feststellung aller notwendigen Daten der Ein- und Ausgabe sowie der Zwischenverarbeitung

<3> Erstellung des Datenflußplanes

<4> Erstellung des Programmablaufplanes

<5> Kodieren des Programmes in der gewählten Programmiersprache

<6> Umwandlung des Quellenprogrammes in ein Maschinenprogramm

<7> Programmtest und Programmlauf

<8> Programmdokumentation und Übergabe des Programmes an die Produktion.

6.3.1 AUFGABENSTELLUNG, PROBLEMDEFINITION, PROBLEMANALYSE

Um eine eindeutige und der Zielvorgabe voll entsprechende Lösung vorbereiten und erarbeiten zu können, müssen genaue und vollständige Angaben über das erwünschte und geplante Leistungsziel vorliegen. Wenn die Angaben mehrdeutig oder unvollständig sind, dann sind auch laufende Rückfragen und Korrekturen unausbleiblich. Dadurch wird die Fertigstellung verzögert, die Kosten werden erhöht. Da es aber nicht immer möglich ist, die Aufgabenstellung so zu präzisieren, daß der Versuch zu einer eindeutigen Lösung in Angriff genommen werden kann, muß das Problem vorerst einmal gründlich analysiert werden. Diese Problem- und Systemanalyse mündet dann meist über eine detaillierte Istaufnahme in ein Sollkonzept, wobei sämtliche Grundlagen der Aufgabenstellung ermittelt und durchgedacht werden, um die Durchführung problemkonform auf die EDV-Anlage übertragen zu können. Grundsätzlich ist zu beachten:

* Die Aufgabe wird so vollständig wie möglich schriftlich niedergelegt;

* Ist die Aufgabe mit EDV überhaupt lösbar? Welche Lösungen bieten sich an? Welche Alternativen müssen miteinander verglichen werden? Welcher Weg ist der beste, der wirtschaftlichste?

* Welche Stellen und Arbeitsbereiche sind von der Umstellung auf EDV betroffen, welche brauchen Informationen, Schulung usw.? Von welchen Stellen und Arbeitsbereichen müssen Informationen eingeholt werden? Wer soll auf Grund seines Fachwissens zur Mitarbeit am Automationsprojekt herangezogen werden? Welche Mitarbeiter und welche übergeordneten Stellen sind zu informieren und ggf. zu den Beratungen beizuziehen?

6.3.2 FESTSTELLUNG ALLER DATEN DER EIN- UND AUSGABE UND DER ZWISCHENSPEICHERUNG

Falls nicht schon alle Eingabe- und Zieldaten durch die Istaufnahme und das Sollkonzept in detaillierter Beschreibung erfaßt worden sind, folgt nun eine ausdrückliche Feststellung aller Daten. Wichtig sind auch die Angaben über die Strukturierung der einzelnen Datensätze und Datengruppen, da die verschiedenen Zugriffsmöglichkeiten schon bei der Erfassung der Daten zu berücksichtigen sind. Dies gilt natürlich besonders für Daten des Informationswesens. Als Beispiel diene der Erscheinungsvermerk eines bibliographischen Datensatzes:

a) Das bibliographische Element **Impressum** besteht hier aus einem zusammengefaßten Datenfeld (= Kategorie, Element), d. h. Ort, Verlag und Erscheinungsjahr bilden eine zusammenhängende Kategorie.

Wien: Hollinek 1971

b) Das Impressum besteht hier aus den drei selbständigen Kategorien Ort, Verlag und Jahr:

Graz	Leykam	1969

Im Falle a) kann nur das Impressum als Ganzes angesprochen werden, im Falle b) kann sowohl die ganze Datengruppe Impressum als auch jedes einzelne Element (Ort, Verlag, Jahr) herausgegriffen bzw. angesprochen werden. Einige Programmiersprachen (z. B. COBOL, PL/1 und PASCAL) ermöglichen außerdem eine übergeordnete Zusammenfassung der in b) getrennt gespeicherten Elemente durch eine entsprechende Datendeklaration. Es gibt auch Programmiertechniken, die ein Zerlegen der Version a) in die einzelnen Elemente ermöglichen, wobei stets die Reihenfolge bzw. die Stellung der einzelnen Elemente zueinander von Belang ist. Da aber das Impressum auch anders strukturiert sein kann, ist Version b) wesentlich vorteilhafter. Dies kommt z. B. deutlich bei einigen bibliographischdokumentarischen Datenformaten zum Ausdruck:

Tab. 13: Die Daten des Impressums in drei Datenformaten

Datenformat	Kategorie	Datenelement
MARC II	260a 260b 260c	Place Publisher Year
BIKAS	43 44 45	Ort Verlag Jahr
ABT-Format (ZETA)	VOA VLA EJ	Ort Verlag Jahr

Grundsätzlich ist bei der Feststellung der Daten zu beachten:

* Festlegung der Ausgabedaten (= Ergebnis) und der Datenträger;
* Festlegung der Eingabedaten: in welcher Form stehen sie zur Verfügung, was muß beachtet werden, damit das gewünschte Ausgabeergebnis erzielt wird?
* Bestimmung der Datenspeicherung: wo werden die Daten während der Verarbeitung gesammelt und zwischengespeichert? Wieviel Speicherplatz wird dafür benötigt?

6.3.3 ERSTELLUNG DES DATENFLUSSPLANES

Der Datenflußplan gibt eine schematische Übersicht über den Datenfluß, aus dem ersichtlich sein soll, welche Daten auf welchen Datenträgern über welche Geräte während der Verarbeitung laufen sollen. Im Datenflußplan werden die zu verarbeitenden Daten, die Datenträger, die Datenspeicher sowie die Ein- und Ausgabegeräte bezeichnet, und es wird festgehalten, über welche Stationen die Daten den Rechner durchlaufen sollen.

Die graphische Darstellung eines Datenflußplanes erfolgt durch Diagrammsymbole nach der Norm DIN 66001 und wird durch erläuternde Texte ergänzt. Der Datenflußplan ist ein wichtiger Bestandteil der Programmplanung und Programmvorgabe. Für eine Sortieraufgabe sieht er z. B. wie wie folgt aus:

Abb. 14: Datenflußplan für ein Sortierbeispiel

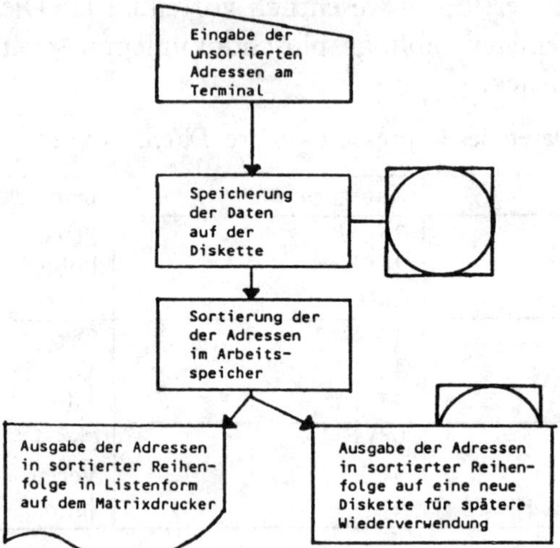

6.3.4 ERSTELLUNG DES PROGRAMMABLAUFPLANES

Während der Datenflußplan den Verarbeitungsablauf bzw. die Bewegung der Daten grobschematisch andeutet, geht der Programmablaufplan mehr ins Detail. Der gesamte Ablauf wird in zahlreiche Einzelschritte zerlegt und graphisch dargestellt. Die Untergliederung kann so weit gehen, daß bereits von einem Befehlsdiagramm gesprochen werden kann, d. h. jedes Diagrammsymbol entspricht sozusagen je einer Programmanweisung in Anlehnung an die jeweils verwendete Programmiersprache. Umgekehrt kann aus einem fertigen Programm nach Bedarf ein Befehlsdiagramm abgeleitet werden. Dies kann beim Einlesen in ein undokumentiertes fremdes Programm von Nutzen sein. Für die Rekonstruktion eines fehlenden Ablaufplanes gibt es sogar Programme, sogenannte Flowcharter-Programme, welche die Anweisungsfolge einer Programmiersprache in graphische Symbole mit zugehörigem Erläuterungstext umsetzen.

Der Programmablaufplan gibt also weniger darüber Auskunft, welche Geräte zur Verarbeitung der Daten verwendet werden, als vielmehr über Art und Reihenfolge der Verarbeitungsschritte, wie etwa:

Einlesen,

Berechnen,

Vergleichen,

Umgruppieren,

Ausdrucken,

Zwischenspeichern,

Suchen u.a.

Wie beim Datenflußplan werden auch hier graphische Symbole verwendet, die mit Text ergänzt werden. Die DIN-Norm 66001 **Sinnbilder für Datenfluß- und Programmablaufpläne** enthält die dafür verwendeten graphischen Symbole (s. 7.1).

Der Programmablaufplan (Flußdiagramm, Blockdiagramm, Flowchart u.ä.) definiert Anweisungen oder Anweisungsgruppen, die zeitlich aufeinanderfolgend zur Verarbeitung der Daten festgelegt werden.

Auf Grund eines Grobdiagramms, welches das gesamte Problem in einfacher Darstellung beschreibt, werden sodann weitere, detailliertere Programmablaufpläne erarbeitet, sofern dies wegen der Komplexität eines Programmablaufes notwendig sein sollte.

Das im Datenflußplan (Abb. 14) angedeutete Sortierbeispiel soll im folgenden Programmablaufplan dargestellt werden:

Abb. 15: Programmablaufplan für ein Sortierprogramm

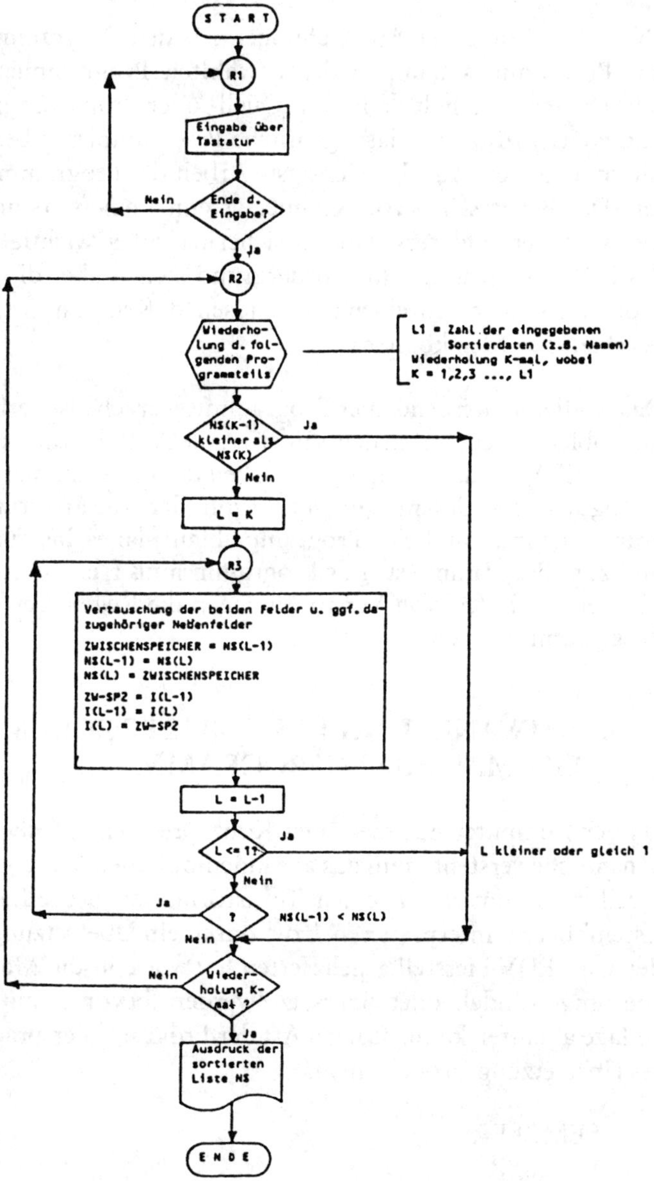

6.3.5 KODIEREN DES PROGRAMMES IN EINER PROGRAMMIERSPRACHE

Unter Beachtung der Aufzeichungen für den Programmablauf wird das Programm sodann in der gewählten Programmiersprache geschrieben: man erhält damit das Quell- oder Primärprogramm. Diese Tätigkeit wird oft als das eigentliche Programmieren bezeichnet und fälschlicherweise für die wichtigste Arbeit des Programmierers gehalten. Das Beherrschen von Rechnersystemen einerseits und Programmiersprachen andererseits sind sicherlich zwei wichtige Werkzeuge des EDV-Fachmannes. Im Vordergrund stehen aber die Fähigkeiten, Probleme so zu beschreiben und zu lösen, daß sie von einem Computer bearbeitet werden können.

Das Kodieren in irgendeiner Programmiersprache ist verhältnismäßig unproblematisch, viel bedeutsamer ist die Aufbereitung des Problems für die EDV-Verarbeitung. Hauptarbeit des Programmierers ist die Bewältigung des Gesamtkomplexes von der Ausarbeitung der Programmstruktur und des Programmablaufplanes bis zur Kodierung und zum Programmtest. Das Programm muß frei von formalen Fehlern sein, d. h. frei von Verstößen gegen die Regeln der betreffenden Programmiersprache.

6.3.6 UMWANDLUNG DES QUELLPROGRAMMES IN EIN MASCHINENPROGRAMM

Da der Computer nur die seiner Konzeption entsprechende Maschinensprache versteht, muß das aus mnemonischen Wörtern bestehende Quellprogramm durch einen Transformationsprozeß (Compilieren, Assemblieren, Interpretieren) bzw. durch ein Übersetzungsprogramm der vom EDV-Hersteller gelieferten Software in die Maschinensprache umgewandelt oder übersetzt werden, bevor es auf einer EDV-Anlage ablaufen kann. Je nach Art der Programmiersprache wird dieses Übersetzungsprogramm als

* ASSEMBLER
* COMPILER
* INTERPRETER

bezeichnet. Übersetzungsprogramme sind anlagenabhängig, d. h., je nach der Anlage können für problemorientierte Programmiersprachen sowohl Einschränkungen als auch Erweiterungen gegenüber der normierten Standardversion der jeweiligen Programmiersprache gelten, wie etwa:

* BASIC : Extended BASIC : Tiny BASIC : CBASIC : MBASIC
* FORTRAN II : FORTRAN IV : FORTRAN V : FORTRAN 77
* PASCAL : UCSD PASCAL : Turbo Pascal

Bei diesem Transformationsprozeß werden von nahezu allen Übersetzungsprogrammen formale Fehler des Programmes mehr oder weniger aufschlußreich diagnostiziert und nachgewiesen. Erst wenn alle Formfehler, welche gegen die **Syntax** der jeweiligen Programmiersprache verstoßen, beseitigt sind, kann das Programm für den Testlauf eingesetzt werden.

6.3.7 PROGRAMMTEST UND PROGRAMMLAUF

Bevor ein neuerstelltes Programm eingesetzt, d. h. Datenmaterial damit richtig verarbeitet werden kann, werden Programmteile oder das gesamte Programm auf die Funktionsfähigkeit überprüft. Der Funktionstest und die nachfolgende Fehlerbeseitigung benötigen oft sehr viel Zeit. Dieses Testen heißt im Computer-Englisch **debugging = entwanzen**. Zum leichteren Erkennen von logischen Fehlern benützt man Testdaten, die so zusammengesetzt sind, daß sie ein schon bekanntes Ergebnis liefern. Abweichungen davon zeigen eventuelle Fehler in einer der Programmstufen an. Mit den Testbeispielen bzw. -daten müssen alle in der Praxis denkbaren Fälle repräsentiert sein. Man sollte daher richtige und fehlerhafte Daten für das Testen verwenden, um das Erkennen dieser Fehler durch das Programm zu prüfen. Vor allem muß die Auswahl der Testdaten so beschaffen sein, daß beim Test alle Zweige eines Programmes durchlaufen und damit auf ihre Funktion überprüft werden. Einem Maschinentest soll zunächst ein Schreibtischtest vorausgehen, wobei der Programmablauf mit geeigneter Beispielauswahl schrittweise verfolgt wird. Bei der Erstellung von Programmen treten häufig folgende Fehlerarten auf:

* Syntaxfehler, die gegen die Regeln der Programmiersprache verstoßen
* Logische Fehler
* Hardwarefehler
* Übertragungsfehler.

Gegen alle diese Fehlerarten gibt es gewisse Absicherungen; und es gibt auch Suchmöglichkeiten, damit die Fehler in der oben erwähnten Weise beseitigt werden können. Selbstverständlich sollen auch im Programm Vorkehrungen für die Absicherung gegen Fehler eingebaut werden.

Gewöhnlich sind Testläufe von Programmen, die in höheren Programmiersprachen geschrieben sind, problemloser und schneller durchzuführen als Probeläufe von Assemblerprogrammen. Auch das Übersetzen (Compilieren) des Quellprogrammes in das Maschinenprogramm kann als Test angesprochen werden, da das Übersetzungsprotokoll alle Formfehler des Quellprogrammes aufzeigt.

6.3.8 PROGRAMMDOKUMENTATION UND ÜBERGABE DES PROGRAMMES AN DIE PRODUKTION

Fast alle Programme werden im Laufe der Zeit verbessert, ergänzt, erweitert und verändert. Ein elektronisches Aggregat ohne Schaltplan ist schwer zu reparieren. Ein Programmsystem ohne Beschreibung und Anleitung für seine Anwendung ist für den Uneingeweihten fast unbenützbar, wobei auch nicht verschwiegen werden soll, daß so manches umfangreiche Programm nach einiger Zeit selbst dem Programmverfasser Rätsel aufgibt, wenn er sich darin wieder zurechtfinden will.

Die Programmdokumentation ist eine detaillierte Beschreibung des Programmes und eine genaue Anweisung, wie und mit welchen Daten der Programmlauf durchzuführen ist. Die Programmdokumentation hat den Zweck, eine möglichst problemlose Ausführung der Produktionsläufe zu gewährleisten, ohne daß dabei der Programmierer, Organisator oder Systemanalytiker unterstützend oder ausführend anwesend sein muß. Die Programmdokumentation soll so abgefaßt sein, daß das Personal des Rechenzentrums oder ein Produktionsbeauftragter die Programmläufe selbständig und in eigener Verantwortung vorbereiten, durchführen und überprüfen kann. Obwohl bereits die Erstellung eines Programmes mit Aufzeichnungen beginnt, die z. T. als Dokumentation bezeichnet werden können, ist doch als Abschluß sämtlicher Arbeiten eine Durchsicht, Ordnung, Erweiterung und Erläuterung in Form einer zusammenfassenden Programmdokumentation notwendig. Jedes Programm muß daher durch eine ausführliche Beschreibung dokumentiert werden.

Die Programmdokumentation umfaßt: Aufgabenbeschreibung und Darstellung des Zusammenhanges mit der konventionellen bzw. übrigen Organisation des Betriebsgeschehens, Programmbeschreibung und Programmablaufpläne, Datenflußpläne und Datendefinitionen, Datenorganisation und Benützungsanweisungen. Für jedes Programm sollte ein Ordner mit folgendem Aufbau angelegt werden:

<1> Titelblatt
<2> Inhaltsverzeichnis
<3> Problembeschreibung, Zieldefinition, Kurzübersicht
<4> Datenflußplan
<5> Festlegung der Ein- und Ausgabegeräte und der Datenträger
<6> Programmablaufplan
<7> Liste der Programme und Unterprogramme mit Beschreibungen
<8> Programmlisten der Quellprogramme
<9> Datenerfassung und Belege
- Aufbau und Struktur der Datensätze
- Dateien und Dateiorganisation
- Druckbildbeschreibungen und Druckbildmuster
- Feldbeschreibungen, Schlüssel, Abkürzungen, Prüfkriterien

<10> Arbeitsanweisungen für die Programmläufe
- Programmstart
- Programmpaket
- Eingabedaten
- Stopliste, Fehlermeldungen, Nachrichten
- Kontrollen, Abstimmungen, Prüfprotokolle
- Datensicherung und Datenschutz

<11> Testprotokoll und Testdaten
<12> Änderungsvormerkungen.

6.3.9 ZUSAMMENFASSENDE ÜBERSICHT ÜBER DIE PROGRAMMERSTELLUNGSPHASEN

Die eben beschriebene Reihenfolge der Programmerstellungsphasen von der Aufgabenstellung bis zur laufenden Produktion möge zusammenfassend in einem Ablaufplan in Abb. 16, Seite 119 anschaulich verdeutlicht werden:

Abb. 16: Vorgangsweise der Programmerstellung

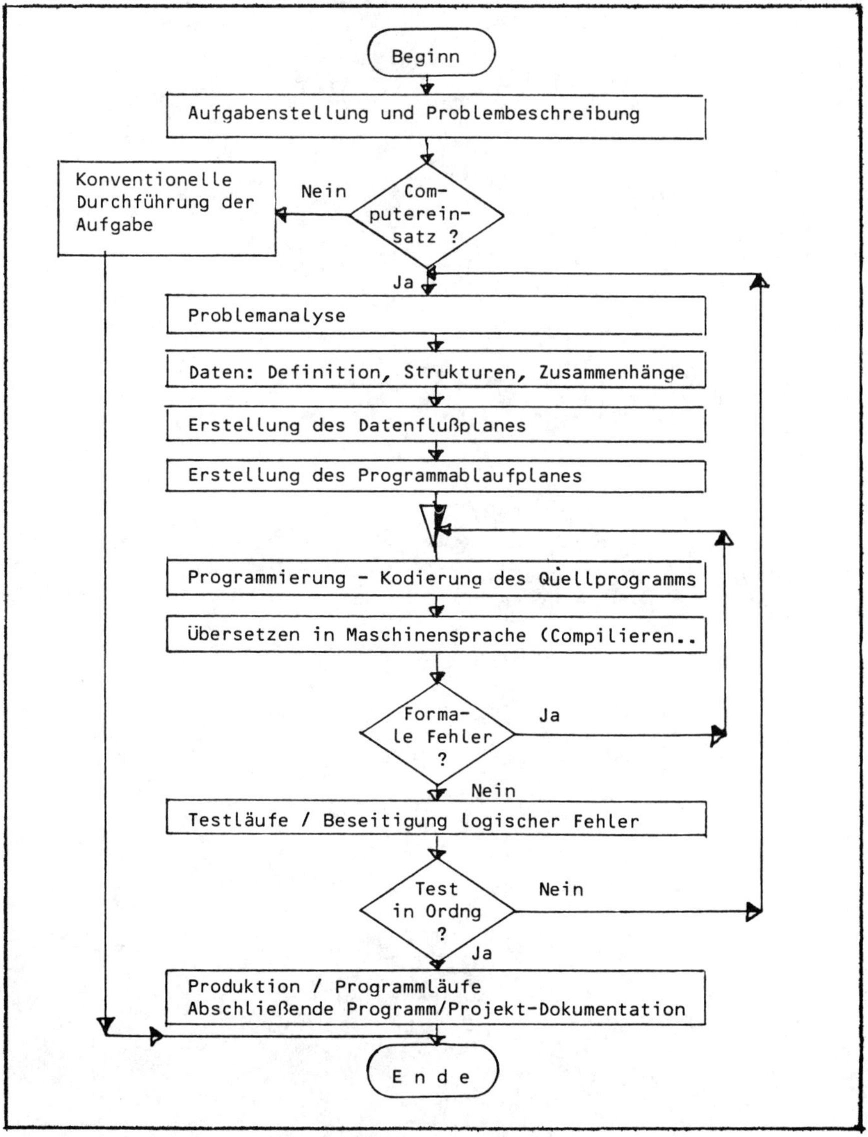

7. ARBEITSHILFEN FÜR PLANUNG UND DOKUMENTATION

Wir sind auch dagegen, daß alles ruht, weil zunächst einmal geplant werden muß - das verbreitete „Analyse-Paralyse-Syndrom". (Thomas J. Peters: Auf der Suche nach Spitzenleistungen. 1983, S. 55.)

In diesem Kapitel werden die in der Datenverarbeitung häufig verwendeten, zum Teil auch genormten Arbeitshilfen, wie graphische Symbole und deren Anwendung besprochen.

7.1 STANDARDSYMBOLE FÜR PROGRAMMABLAUFPLÄNE (DIN 66001)

Zur graphischen Darstellung von Datenfluß- und Programmablaufplänen werden genormte Symbole *(siehe Abb. 17, Seite 122)* nach DIN 66001 verwendet:

Abb. 17: Symbole für Programmablaufpläne (Auswahl aus DIN 66001)

Symbol	Bemerkung (DIN 66001 Auswahl)
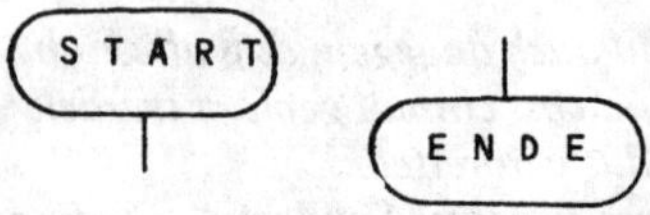	Beginn und Ende eines Programmes, Unterprogrammes, Grenzstelle, Pause u. dgl.
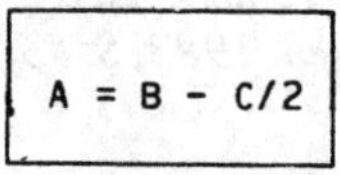	Allgemeine Operation, z. B. Rechenvorgang
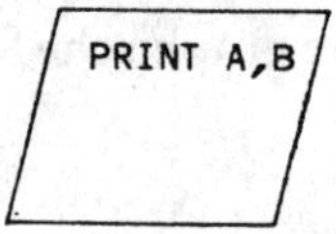	Dateneingabe, Datenausgabe Um welche Art von Ein- oder Ausgabe es sich handelt, soll aus der jeweiligen Beschriftung hervorgehen.
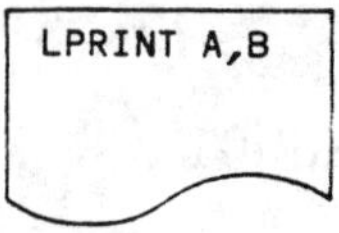	Ausgabe über Drucker in Listenform (z. B. Schnelldrucker, Matrixdrucker Typenraddrucker)
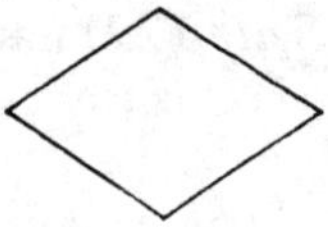	Bedingte Programmverzweigung
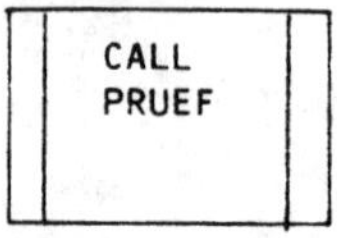	Unterprogramm, Funktionsunterprogramm
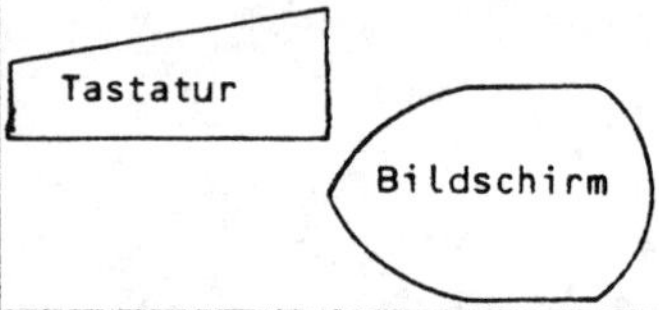	Eingabe über Tastatur (Keybord) Ausgabe über Bildschirm (CRT)

7.2 STRUKTURIERTE PROGRAMMIERUNG

Niemand wird vernünftigerweise mit Kanonen auf Spatzen schießen, das gilt im übertragenen Sinn auch für das Programmieren. Man wählt also die oben skizzierte Vorgangsweise nur dort, wo es auf Grund der Komplexität des Vorhabens notwendig erscheint. Eine relativ neue Methode ist die Strukturierte Programmierung. Zunächst hat man den bisher verwendeten Programmiersprachen die Möglichkeit der Strukturierten Programmierung abgesprochen, mit Ausnahme von ALGOL-68 und PL/1. Es wurde die Programmiersprache PASCAL geschaffen. Wenn eine Anlage noch nicht PASCAL kann, braucht man weder beunruhigt zu sein noch auf die Methode der strukturierten Programmierung zu verzichten.

Der wichtigste Grundsatz bei der Strukturierung zur Bewältigung einer komplexen Aufgabenstellung war schon den Römern bekannt, als sie das Motto „divide et impera“ zur Anwendung empfohlen hatten. Dabei muß es sich durchaus nicht nur um kriegerische Unternehmungen handeln, um diesen Grundsatz erfolgreich anwenden zu können. Es geht schlicht und einfach darum, daß komplexe Systeme, seien es bereits realisierte oder erst in der Vorstellung des schöpferisch Tätigen vorhandene, in überschaubare Teile aufgegliedert werden. Man nennt diesen Gliederungsprozeß Modularisierung oder Strukturierung. Dabei ist besonders auf die Übergangsstellen (interfaces, Schnittstellen) zwischen den einzelnen Modulen zu achten.

Auch für Struktogramme gibt es entsprechende Symbole, die für die Anwendung der strukturierten Programmierung besonders geeignet sind. Doch kommt es letztlich nicht auf die graphischen Symbole sondern auf die grundsätzliche Anwendung der strukturierten Programmierung an. Da hier aber nicht allgemeine Probleme der Programmierung besprochen werden sollen, sei auf die entsprechende Literatur verwiesen (vgl. L-18: Jordan). Nur die wichtigsten Grundsätze sollen besprochen werden:

Strukturierte Programmierung ist eine Methode, mit deren Hilfe

– die Programmentwicklung erleichtert wird,
– die Programmklarheit erhöht wird (wobei das Programm auch für einen Dritten lesbar und modifizierbar wird),
– die Fehlersuche und Fehlerbeseitigung erleichtert wird.

Ein strukturiertes Programm ist vor allem dadurch gekennzeichnet, daß es fast immer die folgenden drei Kontrollstrukturen verwendet:

(1) Anweisungsfolge (Sequenz, gerader Ablauf)

Die Sequenz besteht aus einfachen Anweisungen ohne irgend eine Bedingung oder Verzweigung. Die Anweisungsfolge wird ohne Umwege geradlinig durchlaufen.

Abb. 18: Sequenz

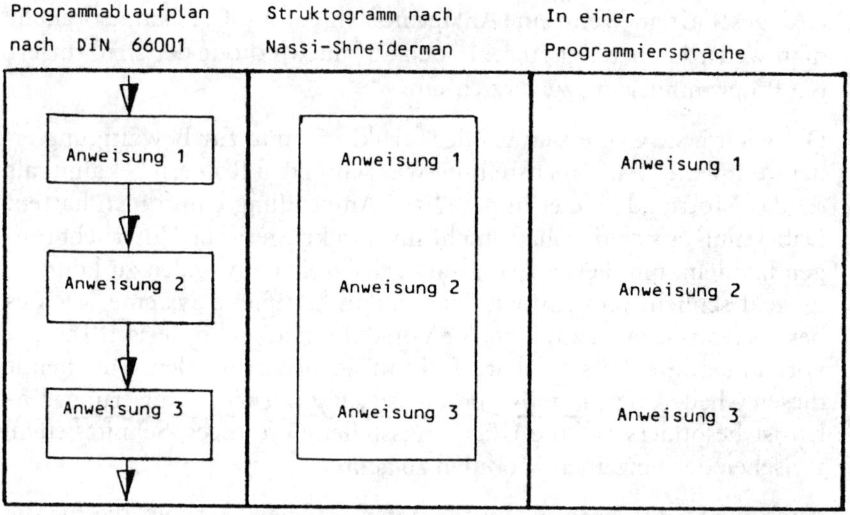

(2) die Auswahl zwischen zwei und mehr Alternativen (Verzweigung)

Anders als beim geradlinigen Ablauf, bei dem alle Anweisungen nacheinander ausgeführt werden, sieht die Verzweigung unterschiedliche Wege im Programmablauf vor. Diese Wege werden in Abhängigkeit von Bedingungen einfacher oder komplexer Art beschritten. Bei der bedingten Verzweigung kommen die unter 5.5.2 und 5.5.3 besprochenen vergleichenden und logischen Operationen zur Anwendung.

(2.1) Zweifachauswahl: je nach Fallunterscheidung (Bedingung) wird das Programm auf einem von zwei alternativen Ablaufzweigen fortgesetzt. Die Zweifachauswahl wird auch als bedingte Verzweigung bezeichnet.

Abb. 19: Zweifachauswahl - bedingte Verzweigung

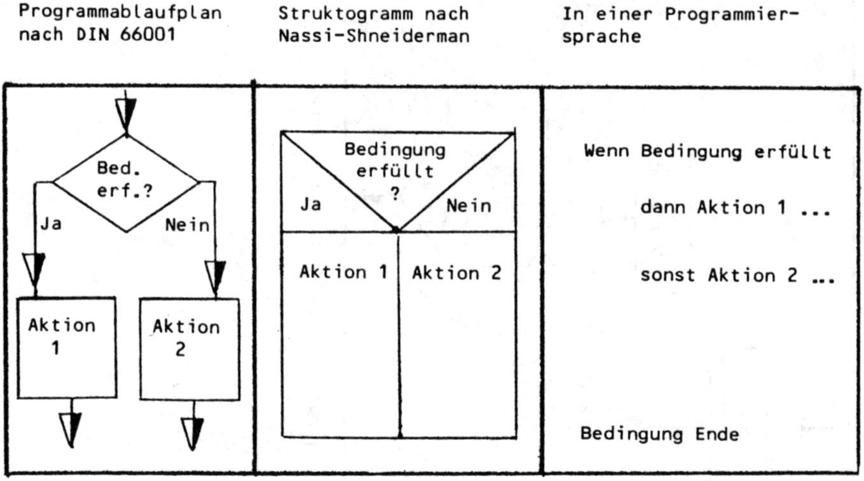

(2.2) **Mehrfachauswahl**: hier wird die Fortsetzung des Programmlaufes je nach Fallunterscheidung auf mehr als zwei Ablaufzweigen möglich, *siehe Abb. 20, S. 126*:

(3) Schleife

Hier wird ein zu wiederholender Vorgang dargestellt. Viele Arbeitsschritte müssen mehrfach wiederholt werden. Ein Beispiel dafür wäre Sortierung von Bibliotheksdaten, bei der sehr viele Vergleiche und Umreihungen durchgeführt werden müssen, bis die richtige Reihenfolge der Titel erreicht ist. Für ein Programm ergibt sich daraus, daß bestimmte Anweisungen immer wieder durchgeführt und so lange wiederholt werden müssen, bis die gesamte Arbeit erledigt ist. Ein solcher Programmabschnitt heißt Schleife, Wiederholung oder Iteration. Die Wiederholung wird also sooft durchgeführt, wie dies zur Lösung einer Aufgabe notwendig ist, d. h., bis eine Endbedingung erfüllt ist.

Abb. 20: Mehrfachauswahl - Fallunterscheidung

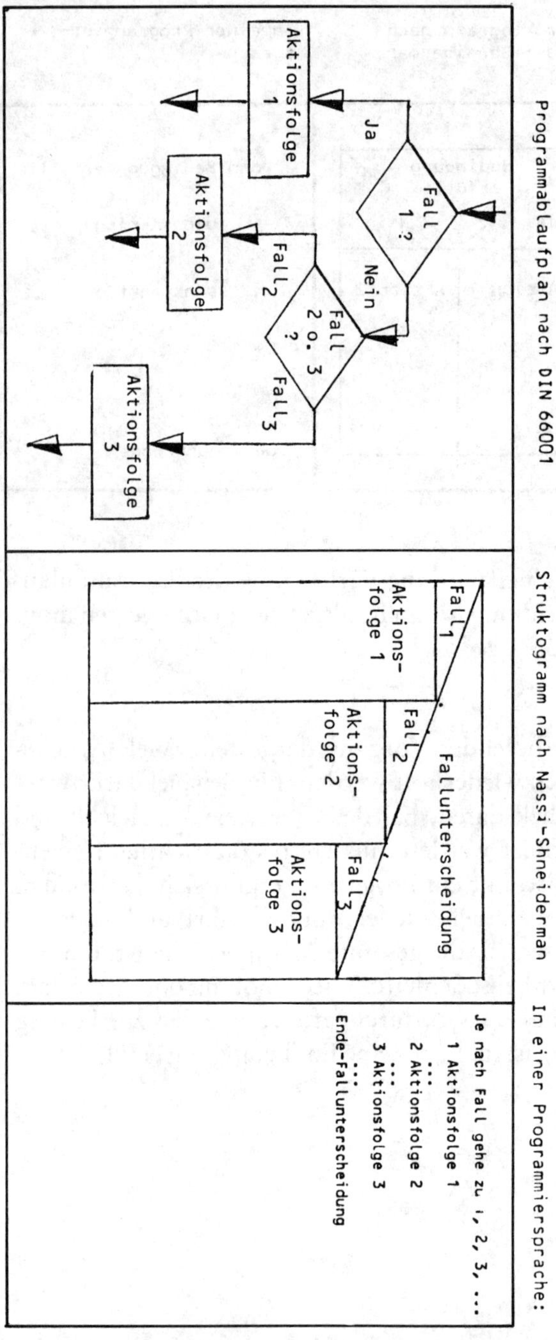

Abb. 21: Wiederholungen - Schleifen

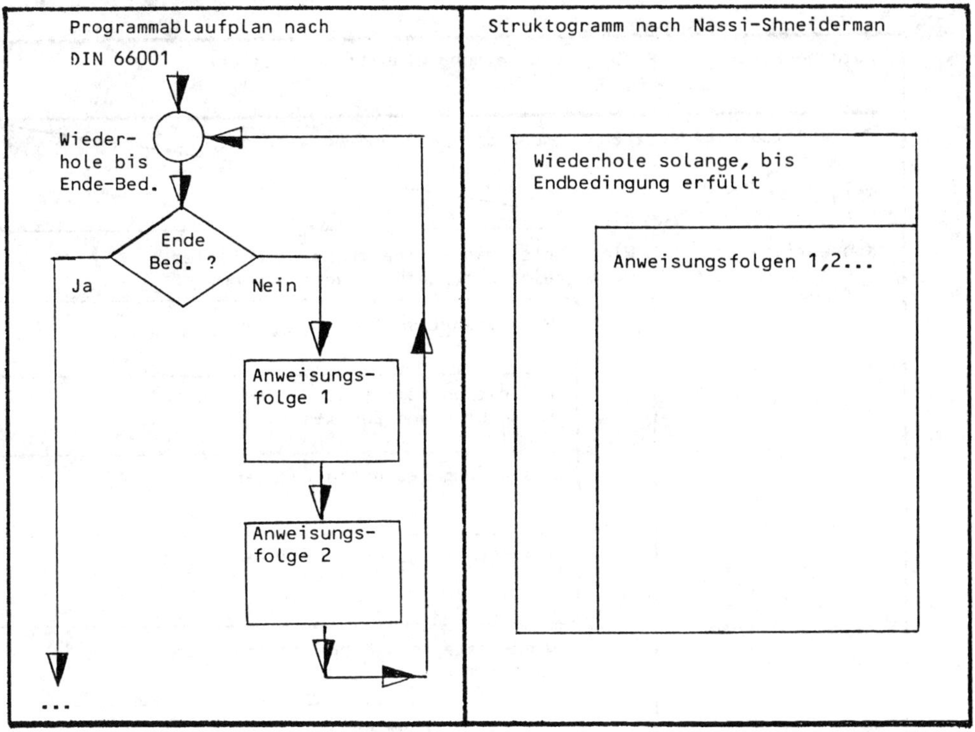

Man kann drei Arten von Schleifen unterscheiden, die jedoch nur im Zusammenhang mit der konkreten Programmierung detailliert erläutert werden müßten; hier genügt ihre Nennung:

- Wiederholung, bis eine Bedingung erfüllt ist;
- Wiederholung, solange eine Bedingung erfüllt ist;
- Wiederholungen in einer vorher festgelegten Anzahl (zählergesteuerte Wiederholung).

Jede dieser Strukturen hat einen Eingangs- und einen Ausgangspunkt. Die in Abb. 16 dargestellte Vorgangsweise bei der Programmerstellung kann auch wie folgt in Form eines Strukturdiagramms dokumentiert werden:

Abb. 22:

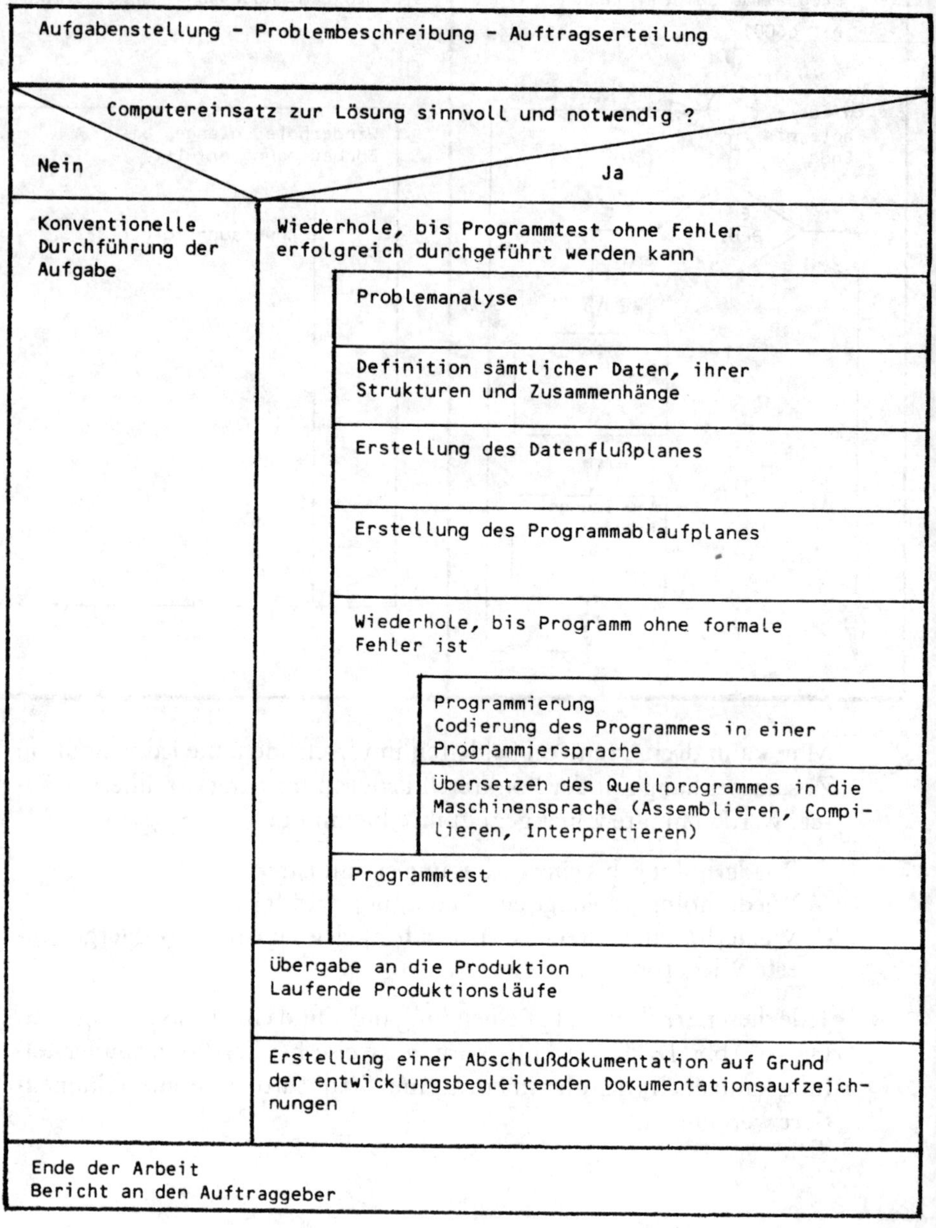
Aufgabenstellung – Problembeschreibung – Auftragserteilung
Computereinsatz zur Lösung sinnvoll und notwendig ?
Nein
Ja
Konventionelle Durchführung der Aufgabe
Wiederhole, bis Programmtest ohne Fehler erfolgreich durchgeführt werden kann
Problemanalyse
Definition sämtlicher Daten, ihrer Strukturen und Zusammenhänge
Erstellung des Datenflußplanes
Erstellung des Programmablaufplanes
Wiederhole, bis Programm ohne formale Fehler ist
Programmierung Codierung des Programmes in einer Programmiersprache
Übersetzen des Quellprogrammes in die Maschinensprache (Assemblieren, Compilieren, Interpretieren)
Programmtest
Übergabe an die Produktion Laufende Produktionsläufe
Erstellung einer Abschlußdokumentation auf Grund der entwicklungsbegleitenden Dokumentationsaufzeichnungen
Ende der Arbeit Bericht an den Auftraggeber

8. VERARBEITUNGSFORMEN UND BETRIEBSARTEN DER EDV

Wer Motoren ein- und ausschaltet oder am Bildschirm Tasten drückt, dem treten keine Schweißperlen auf die Stirn. Daß aber der abstrakte Ersatz des Schweißes, nämlich der Streß, für den einzelnen angenehmer und für die Volksgesundheit zuträglicher ist, wird sich schwer beweisen lassen. Weder Kraft noch Rechenmaschinen machen die Arbeit zum ungetrübten Vergnügen oder gar unnötig. (Heinz Zemanek in der Computerwoche vom 20. 6. 1980, S. 6.)

In diesem Kapitel werden die zahlreichen Verarbeitungsformen der klassischen und modernen Datenverarbeitung sowie deren Kombinationsmöglichkeiten erörtert.

Ursprünglich war ein Computer nur für umfangreiche Berechnungen im technisch-naturwissenschaftlichen Bereich im Einsatz. Massenverarbeitungen kamen erst viel später dazu. Meist war der Computer nur zur Abarbeitung jeweils eines Programmes in einem bestimmten Zeitabschnitt einsetzbar. Erst nach Abschluß dieses Programmes konnte erst das nächste begonnen werden. Im Laufe der Entwicklung von dieser anfänglichen seriellen Datenverarbeitung (Monoprogramming) bis zur heute selbstverständlichen gleichzeitigen Durchführung mehrerer Programmläufe haben sich einige Betriebsarten herausgebildet, deren Anwendung nur mehr selten in Reinkultur, dafür aber umso häufiger in sinnvollen Mischformen anzutreffen ist.

Weiters gibt es auch vom Standpunkt des Anwenders aus betrachtet verschiedene Verarbeitungsformen: in welcher Weise steht der Benutzer eines EDV-Systems mit diesem während der Verarbeitungsphase in Verbindung? Man unterscheidet hier Stapelverarbeitung, Dialogverarbeitung und Echtzeitverarbeitung. Eine weitere Unterscheidung leitet sich davon ab, ob jeder Anwender sein eigenes Programm ablaufen läßt oder ob alle von ein und demselben Programm bedient werden.

Eine EDV-Anlage kann unter Einsatz verschiedener Organisationsformen verwendet werden. Dies erfordert jedoch einige organisatorische Vorentscheidungen. Soll der Computer nur für eine bestimmte Aufgabe eingesetzt werden? Dient er nur einem Anwender oder mehreren, zugleich oder in bestimmter Reihenfolge? Ist ein direkter Anschluß erforderlich oder soll die Verarbeitung schubweise in Stapelverarbeitung erfolgen?

Eine Orientierung ausschließlich auf eine einzige Organisationsform könnte unter Umständen problematisch und unzweckmäßig sein. In der Regel wird eine Abstimmung der Computerbenützung unter Verwendung mehrerer Organisationsformen im Hinblick auf die vielen Anwendungsbereiche im Bibliothekswesen zweckmäßig sein.

Verarbeitungsformen und Betriebsarten können unter dem gemeinsamen Oberbegriff **Organisationsformen der Datenverarbeitung** zusammengefaßt werden. Bei systematischer Betrachtung lassen sich dabei folgende Gegensatzpaare herausarbeiten:

* Verarbeitungsformen
- Offline-Verarbeitung – Online-Verarbeitung
  deckt sich weitgehend mit dem Gegensatzpaar:
  Stapelverarbeitung – Direktverarbeitung
  in periodischen Abständen – sofortige und unmittelbare Durchführung
- Zentrale Verarbeitung – dezentrale Verarbeitung
  deckt sich weitgehend mit dem Gegensatzpaar:
  Rechenzentrumsbetrieb – verteilte Datenverarbeitung (distributed data processing = DDP)
- Lokale Verarbeitung – Datenfernverarbeitung (Verbundsystem, Time-Sharing, Stapelfernverarbeitung, Remote Job Entry)
- Eigene Verarbeitung – Datenverarbeitung außer Haus

* Betriebsarten
- Monoprogramming – Multiprogramming
- Monoprocessing – Multiprocessing
- Vordergrundverarbeitung (foreground) – Hintergrundverarbeitung (background)

8.1 VERARBEITUNGSFORMEN

8.1.1 OFFLINE- UND ONLINE-BETRIEB

8.1.1.1 OFFLINE

Der Begriff **off line** bedeutet soviel wie **nicht angeschaltet** oder **nicht angeschlossen**. Von Off-line-Betrieb spricht man, wenn ein peripheres Gerät (z. B. Terminal mit eingeschränkter selbständiger Verarbeitungsmöglichkeit und externem Datenspeicher) unabhängig von der Zentraleinheit betrieben wird, es besteht dann keine Verbindung zum Computer.

Bei der Organisationsform des Offline-Verfahrens erfolgt die Verarbeitung der anfallenden Daten nicht unmittelbar und nicht sofort durch die Zentraleinheit. Vielmehr werden zunächst die für die Verarbeitung vorgesehenen Daten in maschinenlesbarer Form ohne Verbindung zum Computer (off line) erfaßt und gesammelt, wie z. B. auf Lochkarten, Lochstreifen, Magnetbändern, Magnetplatten u.a. Die Verarbeitung erfolgt zu einem späteren Zeitpunkt, z. B. wenn eine genügende Menge von Daten fertig erfaßt wurde. In allen diesen Fällen sind die einzelnen Geräte, die die Eingabedaten durch die Tätigkeit der Datenerfassungskraft in maschinenlesbarer Form erzeugen, nicht direkt mit einer Zentraleinheit verbunden.

8.1.1.2 ONLINE

Die Verarbeitungsform, bei welcher der EDV-Anwender mit seinen Ein- und Ausgabegeräten (z. B. Bildschirmterminal) direkt mit der Rechenanlage (Zentraleinheit) in Verbindung steht und mit dieser über Stand- oder Fernleitungen kommunizieren kann, wird als Online-Betrieb bezeichnet. Die Eingabedaten gelangen direkt vom Ort und zur Zeit ihrer Entstehung in den Computer, Ausgabedaten werden vom Computer sofort im Bedarfsfall ausgegeben. Immer mehr macht sich der Trend bemerkbar, über dezentrale Datenstationen (Terminals) Datenerfassung, Programmentwicklung und Verarbeitung im direkten Anschluß an einen entfernten Rechner durchzuführen. Die Zwischenstationen, wie Belegerfassung, Aufzeichnung auf Band, Wechseln und Laden von Platten und die zeitlich lange nach der Entstehung der Daten erfolgende Druckausgabe, erübrigen sich bei Online-Verarbeitung.

Der erwünschte höhere Aktualitätsgrad eines Datenbestandes kann als einer der wichtigsten Gründe für die Online-Verarbeitung angeführt werden, da nur mit Hilfe dieser Organisations- und Betriebsweise in Verbindung mit der Realtime-Verarbeitung stets der aktuellste Informationsstand verfügbar ist.

8.1.2 ZENTRALE UND DEZENTRALE VERARBEITUNG

Seinerzeit setzten Großsysteme eine starke Zentralisierung der EDV-Organisation voraus. Mit dem Aufkommen kleinerer Systeme setzte der Trend zur Dezentralisierung ein. Auf kleinen EDV-Systemen kann jedoch nicht alles bewältigt werden, was größere Systeme leicht schaffen, so wie 50 Ruderboote nicht ein Frachtschiff ersetzen können.

Im Zuge der Entwicklung von leistungsfähigen lokalen Netzwerken konnte die Computerleistung direkt am Arbeitsplatz verfügbar gemacht werden, während gleichzeitig gemeinsame und übergeordnete Aufgaben im zentralen Bereich des klassischen Rechenzentrumsbetriebes erledigt werden können. Mit der Entwicklung kleinerer Computersysteme, wie sie die Mini- und Mikrocomputer darstellen, ist es möglich geworden, von der zentralen Verarbeitung unabhängige Rechnerleistung bereitzustellen, die an die Erfordernisse des einzelnen Arbeitsplatzes angepaßt werden kann. Selbstverständlich sind aber auch für diese verteilten Systeme (verteilte Intelligenz, distributed data processing) Verbindungen zur zentralen Großanlage sinnvoll und realisierbar.

Die Summe der dezentralen Systeme kann allerdings, wie bereits erwähnt, keine zentrale Großanlage ersetzen. Die Aufgaben sind entsprechend der Größenordnung und Problemstellung auf die beiden Systeme der zentralen und dezentralen Verarbeitung sinnvoll aufzuteilen. Wenn die Zentrale ausfällt, so ist zwar ein Weiterbetrieb der dezentralen Anlagen jederzeit möglich, fällt aber ein dezentrales System aus, so ist nur dieses eine davon betroffen. In diesem Zusammenhang ist die Beachtung folgenden Rates sehr nützlich: „Soviel dezentrale Verarbeitung wie möglich, soviel zentrale Verarbeitung wie notwendig". Doch sollte dies nicht nur für die Verarbeitung gelten. Diese Einstellung kann die meisten Formen großer und kleiner Organisationen vor Problemen der Erstarrung und Verzettelung bewahren. Dieses Prinzip hatte schon lange vor dem Aufkommen der EDV Gültigkeit.

8.1.3 PERIODISCHE STAPELVERARBEITUNG UND SOFORTIGE DIREKTVERARBEITUNG

8.1.3.1 STAPELVERARBEITUNG (BATCH PROCESSING)

Bei der Stapelverarbeitung erledigt der Computer ein Programm nach dem andern, wobei ein Stapel durch eine ausgiebige Ansammlung von Daten zustande kommt, da es sich nicht lohnen würde, bei Anfallen einer einzelnen Datenlochkarte ein Programm zu starten. Das nächste Programm kann erst begonnen werden, wenn das vorhergehende abgeschlossen ist. Der Stapel der zur Verarbeitung vorliegenden Programme wird Programm für Programm nacheinander erledigt. Durch Einbeziehung und Berücksichtigung von Prioritäten kann der Stapel auch so abgearbeitet werden, daß bestimmte Programme mit höherer Priorität vorrangig behandelt werden. Die Daten werden in einem bestimmten Zeitraum (Tag, Woche, Monat) gesammelt und dann gemeinsam in einem geschlossenen Paket ohne Eingriff des Benützers von einem EDV-Programm verarbeitet. Der Zeitraum und die Verarbeitungsperioden werden je nach Problem verschieden gewählt.

Eine Sonderform ist die Stapelfernverarbeitung (Remote Batch Processing), wobei die Stapelverarbeitung über Datenfernverarbeitung abgewickelt wird.

8.1.3.2 DIREKTVERARBEITUNG, ECHTZEITVERARBEITUNG (real time processing)

Echtzeitverarbeitung kann sowohl im Dialogbetrieb zwischen Benutzer und EDV-System erfolgen, als auch in der Weise, daß bei einem rasch ablaufenden Prozeß (z. B. Verkehrssteuerung, Raumfahrt, Ablaufsteuerung eines chemisch-technischen Prozesses) die Steuerungsmaßnahmen so rechtzeitig veranlaßt werden, daß sie auch richtig wirksam werden können.

Bei der Echtzeit- oder Realzeitverarbeitung erfolgen Dateneingabe und Verarbeitung der im Geschäftsgang anfallenden Daten zugleich mit der Abwicklung begleitender manueller und geistiger Arbeitsschritte, wie z. B. bei der Ausleihverbuchung im Zusammenhang mit der Ausgabe des Buches an den Benützer. Die vom EDV-System zu erteilenden Antworten müssen so rasch wieder an der Ausleihe-Datenstation eintreffen, daß eine eventuell notwendige Maßnahme (z. B. Einforderung ausständiger Mahngebühren) vor Beendigung des Ausleihvorganges möglich ist. Sollten also irgendwelche Gründe vorliegen, die einer Ausleihe im Wege stehen, so wird an den Ausleihbeamten sofort eine Meldung ausgegeben, daß eine Ausleihe vor Beseitigung der Hindernisgründe zu unterbleiben hat. Bei einem Offline-System käme diese Information erst, wenn der Leser schon längst über alle Berge ist.

Die Echtzeitverarbeitung setzt eine Antwortzeit des EDV-Systems voraus, die dem Ablauf des Geschäftsganges bzw. des auslösenden Vorfalles angepaßt ist. Am Ausleihschalter mag diese Zeit wenige Sekunden betragen, doch gibt es auch Anwendungsbereiche, bei denen Antwortzeiten und aus dem Verarbeitungsergebnis resultierende Maßnahmen in Sekundenbruchteilen erfolgen müssen, wie dies etwa bei einer Raumschiffsteuerung der Fall ist. Ähnlich wie bei einem Platzbuchungssystem könnte man sich auch die kooperative Titelaufnahme in einem EDV-Verbund von Bibliotheken vorstellen, wobei auch hier der Einsatz des Realtime-Verfahrens notwendig wäre.

Die Dialogverarbeitung gewinnt nicht nur bei großen EDV-Systemen immer mehr Bedeutung, sondern ist die besonders bei Kleincomputer-Systemen vorherrschende Verarbeitungsform. Mit dieser Verarbeitungsform werden die verstärkte Integration von betrieblichen Abläufen an Arbeitsplätzen und die Unterstützung interaktiver Entscheidungsprozesse sehr gefördert. Für Bibliotheken und Dokumentationsstellen dient der Einsatz der Dialogverarbeitung vor allem zur Vermeidung der im konventionellen Ablauf tolerierten aber kostspieligen Doppel- und Mehrfacharbeit, aber auch zur Erhöhung der Datenaktualität. Datenänderungen in allen Phasen des Geschäftsganges werden sofort bei Bekanntwerden über ein Terminal oder einen autark einsetzbaren Terminal-Computer eingegeben und stehen damit den nachfolgenden Anwendungen unmittelbar zur Verfügung.

8.1.4 LOKALE DATENVERARBEITUNG UND DATENFERNVERARBEITUNG

8.1.4.1 LOKALE VERARBEITUNG

Bei der lokalen Verarbeitung spielen sich alle Vorgänge hausintern ab, die Entfernungen zwischen Computer und peripheren Einheiten betragen wenige Meter oder überbrücken höchstens einige Stockwerke. Die Verbindungen werden mit Kabeln im Hause aufrechterhalten. Für die Verarbeitung sind keine Datenfernverarbeitungs-Einrichtungen (Modem) notwendig.

8.1.4.2 DATENFERNVERARBEITUNG

Das Wesen der Datenfernverarbeitung liegt in der Übertragung von Informationen und deren Verarbeitung von einem Computer oder Terminal zu und von einem anderen EDV-System. Die Verbindung wird über Kommunikationsleitungen (Telefon, Telexsystem, Funk u. a.) hergestellt. In den Anfängen der Bibliotheksautomation wurden nahezu alle Verarbeitungsprozesse von einer zentralen EDV-Anlage durchgeführt, wobei die Bibliothek oder auch mehrere Bibliotheken ihre Daten dort in Stapeln zur Verarbeitung mittels Magnetband, Lochstreifen oder Lochkarten übergaben oder über Kommunikationsleitungen übermittelten. Wenn nun viele Bibliotheken dazu übergehen, immer mehr Kleincomputer für die verschiedensten Aufgaben als autarke und selbständige Systeme einzusetzen, wird die Datenfernverarbeitung keineswegs überflüssig werden. Im Gegenteil, ein ausgewogenes und sinnvolles Miteinander (nicht Nebeneinander) wird sich herauskristallisieren. Datenfernverarbeitung spielt sich normalerweise als Prozeß ab, der in zwei Richtungen abläuft: sowohl die Zentrale als auch die dezentral verteilten Teilnehmer senden und empfangen Informationen, lösen Verarbeitungen aus oder werden dazu veranlaßt.

Bei der Datenfernverarbeitung sind im wesentlichen zwei Möglichkeiten gegeben:

<1> Mehrere Benützer bedienen sich des Computers über Datenstationen und Datenleitungen. Ihre Datenstationen sind so konzipiert, daß sie als unselbständige Terminals keine nennenswerte eigene Rechnerleistung erbringen können. Die

Rechnerleistung wird vom zentralen Computer bereitgestellt. Je nach Komfort besteht die Datenstation (Datenendeinrichtung = Terminal) aus einem Bildschirmgerät für Ein- und Ausgabe und einem Drucker oder zusätzlichen Ein-/Ausgabegeräten.

<2> Mehrere Computer sind miteinander in Verbindung und können noch zusätzlich wie unter <1> weitere selbständige und unselbständige Datenstationen bedienen. Als Datenverbindung können Telefonleitungen aber auch drahtlose Funkverbindungen bestehen, wie dies z. B. zwischen Bordcomputer und EDV-Anlage der Bodenstation bei der Mondlandung über eine Entfernung von fast 400.000 km durchgeführt wurde.

8.1.4.3 TIME-SHARING-VERARBEITUNG

Beim Time-Sharing-Verfahren (Mehr-Teilnehmer-Betrieb) stehen mehrere Teilnehmer über Terminals und Modems mit einem entfernten Computer in Verbindung. Die einzelnen Teilnehmer verwenden die EDV-Anlage für unterschiedliche Problemstellungen, indem sie von ihren Datenstationen (Terminals) aus Daten und Programme transferieren sowie Programme testen und laufen lassen. Im Gegensatz zur Stapelverarbeitung, die auch von einem Terminal (RJE = remote job entry, Stapelfernverarbeitung) aus möglich ist, erlaubt der Teilnehmerbetrieb die dialogmäßige Abwicklung der EDV-Verarbeitung. Die zentrale EDV-Anlage, mit welcher die einzelnen Teilnehmer über ihre Datenfernverarbeitungsstationen in Verbindung stehen, bedient die voneinander unabhängigen Teilnehmer so, daß jeder den Eindruck hat, die gesamte EDV-Kapazität stehe ihm allein zur Verfügung. Dies erfolgt im Wege einer Zeitzuteilung (**time sharing**), wobei der entfernte Computer jeden Teilnehmer für eine kurze Zeitspanne bedient, nämlich Bruchteile von Sekunden aber auch bis zu einigen Sekunden, je nach Priorität.

In ähnlicher Weise erfolgt auch der Vorgang im Teilhaberbetrieb, bei welchem alle Benutzer mit dem gleichen Programmsystem unterschiedliche Datensätze, in Einzelfällen sogar denselben Datensatz bearbeiten. Beispiele dafür wären Platzbuchungssysteme von Bahn- oder Fluggesellschaften, oder, für Bibliothekare besonders interessant, automatisiertes **Shared Cataloging** (kooperative Katalogisierung im Verbund). Diese Aktivitäten setzen ein automatisiertes Netzwerk voraus. Zur Erläuterung:

Ein Netzwerk setzt sich aus einer Gruppe von Einzelteilnehmern (Bibliotheken, Institutionen) zusammen, die untereinander durch Kommunikationsleitungen in Verbindung stehen. Im Bibliothekswesen bezwecken Netzwerke in erster Linie eine Leistungssteigerung durch bessere Aufteilung und Ausnützung der Arbeitsergebnisse (z. B. die sehr aufwendige Arbeitsleistung der bibliographischen Datenerfassung), wobei durch wechselseitige Bereitstellung bzw. Ausnützung dieser Daten in allen Bereichen des Bibliotheksbetriebes Nutzen gezogen werden kann.

In diesem Zusammenhang muß unterschieden werden zwischen solchen Verbundsystemen, die von den Teilnehmern nur **passiv** genutzt werden können, nämlich den **Information Retrieval Systemen**, die nur eine Abfrage und ein Suchen erlauben, und solchen Verbundsystemen, bei denen die Teilnehmer eigene Daten eingeben, modifizieren, aber auch suchen und abfragen können. Neben den hier angesprochenen regionalen, nationalen und internationalen Netzwerken bzw. Verbundsystemen sind die sogenannten **Lokalen Netzwerke** (local area networks) besonders hervorzuheben. (L-10: Collier; L-22: Gee; L-54: Stallings; L-62: Stock).

8.1.4.4 EIGENE VERARBEITUNG - VERARBEITUNG AUSSER HAUS

Man muß nicht immer selbst einen Computer haben, um Automationsvorhaben durchführen zu können. So hat etwa die Deutsche Bibliothek über viele Jahre die EDV-Leistungen der GID (Gesellschaft für Information und Dokumentation, früher Zentralstelle für Maschinelle Dokumentation - ZMD) erfolgreich in Anspruch genommen und befindet sich noch weiterhin in Kooperation mit dieser Institution. EDV außer Haus erspart nicht nur den eigenen Computer, sondern auch die entsprechenden Räumlichkeiten und Nebenkosten sowie eine sehr qualifizierte eigene EDV-Mannschaft. Diese Abhängigkeit von einem EDV-Partner bringt aber auch Probleme mit sich, die sich manchmal störend oder gar verhängnisvoll auswirken können. Es gilt, die Vor- und Nachteile gründlich gegeneinander abzuwägen, bevor man sich für einen eigenen Computer oder für die Datenverarbeitung außer Haus entscheidet.

8.2 BETRIEBSARTEN

8.2.1 MONOPROGRAMMING – EINPROGRAMMBETRIEB

Einfachste Betriebssysteme sind so konzipiert, daß jeweils nur ein Programm mit allen seinen Erfordernissen der Ein- und Ausgabe überwacht und durchgeführt werden kann. Je nach Größe des Programmes ist der Hauptspeicher mehr oder weniger ausgenützt. Der nicht benötigte Speicher kann daneben nicht für ein anderes Programm benützt werden. Diese Betriebsart ist vorwiegend bei Kleinanlagen und einfachen, immer gleichbleibenden Aufgaben üblich.

8.2.2 MULTIPROGRAMMING – MEHRPROGRAMMBETRIEB

Die gleichzeitige Ausführung mehrerer Programme durch eine Zentraleinheit wird Multiprogramming genannt. Die Gleichzeitigkeit der Ausführung ist aber nur eine scheinbare, da es sich um eine überlappende Ausnützung der EDV-Anlage mit verschiedenen Programmtypen handelt. Bei dieser Organisationsform der Computer-Nutzung befinden sich im Arbeitsspeicher gleichzeitig mehrere Programme, welche im Hinblick auf ihre Ausführung bestimmte Prioritäten besitzen. Unterschiedliche Programmtypen (z. B. rechenintensive einerseits und ein-/ausgabe-intensive andererseits) beanspruchen unterschiedliche Kapazitäten des Arbeitsspeichers und des Programms. Durch die quasi gleichzeitige Ausführung unterschiedlicher Programmtypen kann eine effizientere Auslastung der EDV-Anlage erzielt werden. So werden z. B. von einem Programm für Textverarbeitung sehr viele Ein-/Ausgabe-Operationen durchgeführt (wie etwa Karten- oder Bandlesen, Schreiben auf Diskette, Ausgabe auf dem Typenraddrucker). Da während der Ausführung dieser Operationen die Zentraleinheit fast nicht genutzt wird, soll zu dieser Zeit ein anderes Programm für Statistik Rechenoperationen durchführen.

8.2.3 MONOPROCESSING – EINPROZESSORBETRIEB

Ein Computer mit nur einem Prozessor war bisher die vorwiegend übliche Konstruktionsart. Dabei kann man bei entsprechender Organisation durchaus mehrere Programme (wenn auch nicht wirklich gleichzeitig, so doch quasi gleichzeitig) abarbeiten, wie beim Multiprogramming ausgeführt wurde. Der Einprozessorbetrieb ist auch heute noch die meistangewendete Betriebsart, wird aber mit der fortschreitenden Verbilligung der Prozessoren allmählich vom Mehrprozessorbetrieb abgelöst werden. Kleincomputer und einfache Systeme werden in den meisten Anwendungsfällen auch weiterhin mit einem Prozessor das Auslangen finden.

8.2.4 MULTIPROCESSING – MEHRPROZESSORBETRIEB

Bei dieser Betriebsart werden mehrere Programme tatsächlich gleichzeitig in der Zentraleinheit verarbeitet. Dies wird ermöglicht, indem in einer Datenverarbeitungsanlage zwei oder mehrere Prozessoren (Rechen- und Steuereinheit) zu einer Einheit in einem Multiprocessing-System zusammengeschlossen sind.

Im übrigen sind die meisten hochentwickelten Betriebssysteme sogenannte Multiprocessing-Systeme, welche verschiedene Operationen für mehrere Programme quasi gleichzeitig durchführen können. Auf diese Weise werden verschiedene Programme getestet, compiliert und/oder parallel ausgeführt, und zwar so, daß dabei die Kapazität des Computers voll ausgenützt wird und die verschiedenen Benützer ihre Resultate wesentlich früher erhalten, als es der Fall wäre, wenn einer nach dem anderen bedient werden würde.

Die traditionellen Einprozessor-Computer erreichen rasch ihre Grenzen der Geschwindigkeit und Leistungsfähigkeit. Für viele Einzelanwendungen ist dies relativ belanglos. Es gibt aber auch Probleme, die zu ihrer optimalen Lösung EDV-Systeme jenseits der heutigen Leistungsgrenzen benötigen, wie etwa Informationssysteme mit extrem kurzen Antwort- und Reaktionszeiten für eine große Zahl von Teilnehmern und Einzelprozessen.

Die bisherigen Mehrprozessorsysteme bieten den konzeptionellen Ansatz für die Weiterentwicklung auf diesem Gebiet. Die Lösung liegt im Zusammenschluß und in der Zusammenarbeit vieler Computer, die gemeinsam an einem Problem arbeiten. So schließt sich der Kreis zu den Netzwerken, an denen große und kleine Systeme in unterschiedlicher Kombination der oben beschriebenen Organisationsformen beteiligt sind. Bis 1990 wird es möglich sein, Netzwerke mit mehreren tausend Computern einzurichten. (L-66, Uhr, S. 4).

8.3 KLEINCOMPUTERSYSTEME FÜR VERTEILTE DATENVERARBEITUNG

Die vorhin erwähnten Organisationsformen sind vorwiegend auf große Universalrechner abgestimmt. Es hat aber nicht nur Bestrebungen gegeben, immer größere und leistungsfähigere Computer zu entwikkeln, sondern auch Bemühungen kleinere Anlagen mit relativ großen Einsatzmöglichkeiten zu schaffen. Die Datenverarbeitungs-Umwelt wird immer mehr von den leistungsstarken Zwergen mitbestimmt. Ob als Einzellösung, als Terminal oder als autarke Mehrplatzanlage in Betrieben mittlerer Größe, die Mini- und Mikrocomputer erobern sich allmählich auch den Markt im Bibliotheks- und Informationswesen.

Die **Mittlere Datentechnik** - eine heute bereits überholte Bezeichnung hat sich zum Teil aus der Branche der Buchungsautomaten entwickelt. Auf der anderen Seite hat sich auch die Großcomputer-Industrie diesem Anwendungsbereich gewidmet, indem sie mit kleineren Versionen ihrer EDV-Produkte (Mini-Computer) in diesen Markt eingedrungen ist. Wie auch immer die entsprechende Bezeichnung nun wirklich lauten soll (neuerdings ist der Begriff Direkte Daten-Verarbeitung = DDV aufgetaucht), es handelt sich um mehr oder weniger integrierte Kleincomputersysteme, welche etwa die Größe eines Schreibtisches aufweisen, in manchen Fällen aber auch nur die Dimensionen von Schreibmaschinen, Tragkoffern oder Taschenrechnern besitzen. Sie können ohne Klimaanlage und ohne zahlreiches Bedienungspersonal betrieben werden. Ihre Speicherkapazität reicht derzeit meist von 128 bis 1000 K-Byte, übersteigt also die Größenordnung früherer Großrechner.

Der Mikroprozessor ist eine der bedeutendsten Entwicklungen auf dem Gebiete der Computertechnologie. Es handelt sich um eine umfassende Integration elektronisch-digitaler Schaltungen, welche auf einem einzigen Baustein (chip) in Mikrobauweise untergebracht sind.

Die Entwicklung dieser Bausteine schreitet immer weiter fort und zielt dabei auf eine Verkleinerung in den Abmessungen bei gleichzeitiger Vergrößerung der Speicherkapazität:

- **LSI-Technik =** large scale integration
- **VLSI-Technik =** very large scale integration
- **VHSIC-Technik =** very high speed integrated circuits.

Diese hochintegrierte Halbleitertechnologie wurde so weit verfeinert, daß mit einem oder mit wenigen sehr kleinen Bauteilen ein vollständiger Kleincomputer geschaffen werden konnte, wodurch schon mit einem Gehäuse in Taschenrechnerformat das Auslangen gefunden werden kann. Ein betriebsfertiges Mikrocomputersystem, welches auch schon im Bibliotheksbetrieb am Arbeitsplatz wie eine Schreibmaschine eingesetzt werden kann, besteht aus dem Mikroprozessor mit den dazugehörigen Steuereinheiten, einer Tastatur, einem Bildschirm, externen Speichermedien (Kassetten, Disketten, Magnetplatten) sowie einem Druckwerk und ist bedarfsweise noch mit einer Datenfernverarbeitungseinrichtung bestückt. Da derselbe Grundbaustein in kleinen, mittleren und größeren Systemen anzutreffen ist, handelt es sich bei Mikro's, Mini's und Maxi's kaum um technisch-qualitative Unterschiede. Für die Differenzierung sind überwiegend quantitative Unterschiede ausschlaggebend. Mikrocomputer haben sich bis vor kurzem von Mini- und Mainframe-Computern vor allem in folgenden Punkten unterschieden (wobei Vergleiche mit größeren Systemen angestellt wurden):

- kürzere Wortlängen von 8 bis 32 Bits;
- geringere Rechengeschwindigkeit;
- begrenzter Arbeitsspeicher von 8 bis 64 K-Byte für Hobby-Computer;
- begrenzter Arbeitsspeicher von 64 bis 1000 K-Byte für Personal Computer;
- Arbeitsspeicher von 128 K-Bytes bis 4 Mega-Bytes für Büro- und Mehrplatzcomputer;

– weniger interne Register;
– weniger Möglichkeiten für den Mehrprogrammbetrieb;
– weniger umfangreiche Befehlsvorräte;
– für die meisten Anwendungen ausreichende Leistungsfähigkeit;
– wesentlich geringere Anschaffungskosten, d. h. um 2 bis 4 Nullen weniger bei der Preisangabe.
– weniger Kosten für räumliche Vorkehrungen (nur etwa Schreibtischgröße, keine aufwendige Klimaanlage);
– weniger Investitionsrisiko.

Aber selbst diese Unterscheidungsmerkmale sind heute schon wieder überholt, zumal es bereits tragbare Kleincomputer (portables) gibt, die über Wortlängen von 16-32 Bits und Speichergrößen von 256 K bis 4 Mega-Byte verfügen.

Um 1976 kamen die ersten auch für den Privatgebrauch erschwinglichen Kleincomputer auf den europäischen Markt. Versierten Anwendern war es möglich, diese Kleincomputer nicht nur für verschiedene Spielprogramme sondern auch für berufliche Anwendungen einzusetzen. Damit wurde der **Personal Computer** auch zum **Professional Computer**.

Kleincomputer können für den IuD-Bereich effizient eingesetzt werden. Entsprechende Systeme sind heute so leistungsfähig, daß auch Bibliotheken und Informationszentren mit zentralisierter Groß-EDV aus wirtschaftlichen und organisatorischen Gründen immer mehr Kleinanlagen für Einzelaufgaben des bibliothekarisch-bibliographischen Geschäftsganges einsetzen. Dies zeigen z. B. die Einsätze des COMMODORE im Bereich der Katalogisierung der Universitätsbibliothek Braunschweig <L-17, L18: Eversberg> und als Datenbanksystem im Modell PLIDOS des Fachinformationszentrums Technik <L-52: Schrode>.

Der Hardwarepreis für komplette Systeme inklusive Drucker, periphere Speicher und Datenfernverarbeitungsanschluß liegt je nach Komfort und Qualität bei DM 8.000 bis 50.000. Bei der oberen Preiskategorie handelt es sich um Mehrplatzsysteme, die bis zum **Megamini** ausbaufähig sind und autark, operatorlos und hostverbunden eingesetzt werden können.

Nach dem derzeitigen Stand der EDV-Technologie gibt es verschiedene Varianten, EDV-Hardware als Einzelsystem oder in Kombination mit anderen Systemen sinnvoll zu nutzen:

* EDV-Großanlagen mit entsprechend vielen Online-Terminals;
* autarke Kleinanlagen;
* autarke Kleinsysteme, hostverbunden mit Großanlagen.

Es ist ratsam, bei Planung einer EDV-Installation die Kombinationsmöglichkeiten der genannten Einsatzvarianten genau zu prüfen. Auch bereits länger bestehende EDV-Organisationen, die bisher nur mit Großanlagen arbeiteten, bestücken ihre Abteilungen mit verteilter EDV-Kapazität in Form von Terminals, Mikro- und Minicomputern. Sie folgen damit dem Trend zur EDV am Arbeitsplatz bzw. zur Basisdatenverarbeitung.

Es ist aber besonders hervorzuheben, daß Kleincomputer im Gegensatz zu anderen Büroautomaten alle Kriterien vollwertiger Computer aufweisen. Sie verfügen wie ein Großcomputersystem über eine Zentraleinheit mit Arbeitsspeicher, Steuer- und Rechenwerk sowie über periphere Einheiten. Darüber hinaus können sie meist auch über Datenfernverarbeitung an einen anderen Rechner angeschlossen werden. Der Übergang zur Groß-EDV ist fließend. Mikro- und Minicomputer können Großrechner allerdings nicht in jeder Hinsicht ersetzen, vielmehr muß von einer arbeitsteiligen Ergänzung und Nutzung gesprochen werden.

Welche Vorteile haben die Kleincomputer gegenüber großen Rechenanlagen?

<1> Meist sind sie nicht größer als ein Schreibtisch und können direkt am Arbeitsplatz eingesetzt werden (Bürocomputer, Professional Computer);

<2> Die Direkte Datenverarbeitung (DDV) ermöglicht die Dateneingabe am Arbeitsplatz, die Verarbeitungsergebnisse sind unmittelbar verfügbar (Buchungen, Duplizitätskontrolle, Inventarisierung, Katalogzettel u.a.);

<3> Außer einer Steckdose und eventuell einer Datenfernübertragungseinrichtung (DFÜ; Telefon, MODEM) sind keine weiteren Installationen erforderlich, auch keine Klimaanlage;

<4> Kleincomputer erfordern eine geringe Anfangsinvestition und ermöglichen eine laufende Erweiterung nach dem Baukastenprinzip ohne komplizierte Umstellungsprozesse. Die Erweiterungen können bereits die neuesten Technologien enthalten und die Vorteile der degressiven Preisentwicklung können durch schrittweise Ersetzung mit aktuelleren Modulen günstig ausgeschöpft werden;

<5> Kleincomputer können als selbständige EDV-Anlagen (Standalone-Anlagen) oder als Terminal-Computer (Satellitenrechner) eingesetzt werden, wobei die Daten nach einer ersten Aufbereitung zur weiteren Verarbeitung an einen Großrechner weitergeleitet werden.

Die Einsatzmöglichkeiten, die die Kleincomputer heute schon bieten, hätten sich vor mehr als 20 Jahren die Anwender von den damaligen Großrechnern gewünscht. Die folgende Übersicht aus der Systembeschreibung eines Minicomputers macht dies deutlich:

- Datenerfassungssystem
- Kassenterminalsystem (z. B. Ausleihterminalsystem)
- intelligentes Terminalsystem (z. B. Feldprüfung, Prüfziffern)
- Netzwerkrechner
- Vorschaltrechner
- Vermittlungsrechner
- Konzentrator
- ausfallsichere Mehrfachsysteme
- Realtimesystem
- Basis für dezentrale Datenbanken (Dateimaschinen).

Sowohl Online-Systeme, die den direkten Anschluß via Terminal an einen benutzerfernen Großrechner ermöglichen, als auch Kleinrechner bieten die Einsatzmöglichkeit des Computers am Arbeitsplatz (CAP), wodurch sich folgende Verbesserungen gegenüber bisherigen Verfahren ergeben:

<1> Direkte und sofortige Verarbeitung ohne Zwischendatenträger, wobei besonders Belege wie Karteien, Listen, Ablochbelege u. dgl. wegfallen.

<2> Sofortige Datenprüfung sowie Plausibilitätskontrolle und Korrekturmöglichkeit.

<3> Erhöhter Aktualitätsgrad der Daten und Verkürzung der Informationsdistanz zwischen Datenentstehung und Auswertung.

<4> Arbeitsplatzorientierte Integration der Arbeitsabläufe und dadurch bedingte Anwenderaktivierung.

<5> Durch rasche Fehlererkennung wird eine Art von Selbstschulung der Anwender bewirkt, die schließlich in Systempflege im eigenen Wirkungsbereich mündet.

<6> Entlastung von Routineaufgaben.

<7> Fachabteilungen gewinnen mehr Einblick in die EDV-Erfordernisse und deren Zusammenhänge; sie sind dadurch in der Lage, beim Auftreten von Problemen, die ihren Arbeitsbereich betreffen, im Bereich der Systemgestaltung und Systemanpassung kompetenter mitzuwirken.

<8> Der Zusammenhang zwischen verschiedenen Abteilungen wird besser erkannt, wodurch Kommunikation und Zusammenarbeit zwischen den Bereichen (Stationen des Geschäftsganges) gefördert und belebt werden.

8.4 COMPUTER- UND SYSTEMAUSWAHL

Bei den Auswahlüberlegungen muß die Funktion des Gesamtsystems im Auge behalten werden, d. h. Hardware, Software und Organisationsfragen müssen ihren Anteilen entsprechend Berücksichtigung finden. Es wäre höchst bedenklich, oft sogar verhängnisvoll, wenn Fragen der Organisation und der Software erst nach der Anschaffung der Computerhardware aufgegriffen würden.

Es ist ein Grundkonzept zu erstellen, das in Form eines Pflichtenheftes der Ausarbeitung von Ausschreibungsunterlagen dient. Die Anbieterfirmen benötigen dieses Pflichtenheft wiederum für die Erstellung ihrer Hardware- und Software-Angebote.

Bei der Auswertung der Angebotsunterlagen ist nicht nur die Erfüllung der Ausschreibungserfordernisse zu überprüfen, sondern auch die Höhe der unmittelbaren Anschaffungs- bzw. Mietkosten zu vergleichen. Bei einem EDV-System ist immer auch damit zu rechnen, daß Folgekosten in beträchtlicher Höhe anfallen, wie etwa für Wartungskosten und Ersatzteile; aber auch die unterschiedlichen Preise der Betriebsmittel sind zu berücksichtigen. Der Standort des Lieferanten und des Servicedienstes ist ebenfalls wichtig, da die Anreisekosten des Wartungspersonals bei größeren Entfernungen besonders ins Gewicht fallen können.

Eine sehr gründliche Auswahlanleitung bietet das Buch von Grupp „Die Wahl des richtigen Minicomputers" (L-25: Grupp).

9. DIE EDV IM BIBLIOTHEKS- UND DOKUMENTATIONSWESEN

Eitel und voller Irrtümer ist alle Wissenschaft, die nicht von der Erfahrung, der Mutter aller Gewißheit, getragen wird, die nicht geprüft wird durch Erfahrung.
(Leonardo da Vinci)

Der Berufstitel französischer Bibliothekare lautet **Conservateur**, was soviel wie **Bewahrer** bedeuten könnte. Als Bewahrer und Erhalter haben sich Bibliothekare schon seit jeher verstanden - wie sonst könnten sich alte Manuskripte und Schriften so gut bis auf unsere Tage erhalten haben. Aus dieser Sorge um die Bewahrung einmaliger und unersetzlicher Kulturschätze ist auch ein gewisser Konservativismus zu verstehen, auf den es zurückzuführen ist, daß nicht alle Bibliotheken gleich einen Computer angeschafft haben. Wer keinen Führerschein hat, dem nützt ein Auto nicht viel.

Die zögernde Haltung mancher Bibliothekare gegenüber der EDV hat eben auch ihre positiven Seiten, wie sich da und dort immer wieder herausstellt. Die Entwicklung auf dem Gebiete der Computerherstellung ist in den letzten Jahren so rasant geworden, daß manche Bibliothek, die in den Anfängen der Automation mitgetan hat, nun schon die dritte Umstellung auf ein neues System bewältigen mußte. Wie gut und weitblickend eine Planung war, zeigt sich dann, wenn nicht jedesmal alles neu programmiert werden mußte.

Solche Umstellungen binden viele Kräfte und hindern nicht selten die Bibliothek an der Erfüllung ihrer eigentlichen Aufgabe, die eben nicht **Automationsvorhaben** sondern **Literaturinformation** heißt. Die wünschenswerte Kontinuität der Katalogaufzeichnungen fordert - nicht nur beim Zettelkatalog - gewisse Rücksichten auf das Bestehende und auf die Einheitlichkeit über Generationen von Benutzern hinweg. Es sind viele Vorarbeiten und Organisationsmaßnahmen erforderlich, bevor die Automation von Bibliotheksarbeiten in Angriff genommen werden kann. Wir müssen auch den Pionieren dankbar sein, die sich trotz vieler ungelöster Probleme an die Automationsprojekte herangewagt haben. Nicht nur von ihren gelungenen Projekten können wir profitieren, sondern sehr viel sogar auch von ihren Mißerfolgen, die wir nur dann vermeiden können, wenn wir uns ihrer bewußt sind. Dies betrifft auch die zahlreichen Probleme der Umstellung auf neuere EDV-Systeme. Die Kostenfrage spielt dabei ebenfalls eine große Rolle. Wie unterschiedlich die Aufwendungen selbst für problemähnliche und größengleiche Projekte sein können, würde die verantwortlichen Unterhaltsträger in größte Verwunderung und vielleicht sogar auch in Empörung versetzen. Nicht immer wurde in diesem Zusammenhang der wirtschaftlichste und zweckmäßigste Weg eingeschlagen. Vereinzelte Mißerfolge und Fehlplanungen hat es aber auch bei vielen anderen Vorhaben gegeben. In den Arbeitsbereichen automatisierter Bibliotheksbetriebe und Dokumentationsstellen gibt es genügend Beispiele der EDV-Anwendung, sei es in der Erwerbung, in der Ausleihe, in der Katalogisierung oder in der Informationsvermittlung.

Eine besonders instruktive Übersicht über gut funktionierende Bibliotheksanwendungen der EDV bietet die Publikationsreihe „The Professional Librarian Series“ (s. L-6, L-7: Boss; L-24: Grosch u.a.). Eine der besten Darstellungen über Bibliotheksautomation ist die Arbeit von Paul Niewalda „Die elektronische Datenverarbeitung im Bibliothekswesen“ (L-47).

Der am meisten erfolgversprechende Anwendungsbereich der Automation im Bibliotheksbetrieb ist der Geschäftsgang von der Erwerbung bis zur Information. Wenn die EDV bereits am Beginn des Weges, den das Buch durch die Bibliothek zurücklegt, zum Einsatz kommt, dann wird der gesamte weitere Arbeitsablauf von dieser ersten Erarbeitung maschinenlesbarer Daten profitieren können. Der Bereich der Erwerbung umfaßt bekanntlich Buchauswahl, Dublettenkontrolle, Überprüfung der Verfügbarkeit von Budgetmitteln im Vergleich zum festgestellten Bedarf, Bestellung und allenfalls Mahnung, Lieferungskontrolle, Inventarbestands- und Kontenführung, Buchhaltung und Zahlungsverkehr. Da aber sowohl im Bereich der Erwerbung als auch in allen nachgelagerten Bearbeitungsstationen die bibliographischen Daten die wichtigsten sind, kann sich bei entsprechender Integration aller Bearbeitungsprozesse auch der Rationalisierungseffekt wie ein roter Faden durch den ganzen Geschäftsgang ziehen. Es ist daher bei jedem Automationsvorhaben darauf zu achten, daß der Komplex Erwerbung mit den übrigen Bibliotheksfunktionen bis zur Information und Ausleihverbuchung in integrativer Verbindung steht.

In der Aufbauphase der Bibliotheksautomation gab es im wesentlichen zwei Gruppen, die die Automation des Bibliotheksbetriebes befürworteten und auch realisierten: die eine Gruppe bevorzugte die Automation der Ausleihverbuchung, die andere die Automation der Katalogisierungstätigkeit. Niewalda sagt zu diesen beiden Alternativen: „Der EDV-Einsatz ist in der Formal- und Sachkatalogisierung am lohnendsten und sollte daher hier zuerst geplant werden. Er ermöglicht die leichte Übernahme von Fremdleistungen und die leichte Weitergabe der eigenen Leistungen, auf die Dauer Fundament jeder fruchtbaren Zusammenarbeit. Er spart durch Band- bzw. Mikrofilmkataloge viel personalintensive Einlegearbeiten und ermöglicht eine einfache Verbesserung und Ergänzung von Titelaufnahmen" (L-47: Niewalda, S. 54).

Die Gruppe, die sich vorrangig der Bewältigung der Massenausleihe zugewandt hat, hat sicher ihre guten Gründe gehabt. Doch für den Großteil der Bibliotheken gilt eigentlich das, was Niewalda dazu gesagt hat, vor allem, weil die Früchte aus der maschinellen Verarbeitung der bibliographischen Daten auch der Automatisierung der Ausleihverbuchung zum Vorteil gereichen könnten, während umgekehrt solche Effekte nicht zu erzielen sind.

An dieser Stelle sei noch einmal das OCLC-System genannt, das die Integration sämtlicher Verwaltungsbereiche am weitesten vorangetrieben hat. Mit dem OCLC-System, an das mehrere hundert Bibliotheken mit über 5000 Terminals angeschlossen sind, werden folgende Bibliotheksarbeiten automationsunterstützt durchgeführt: Erwerbung, Katalogisierung, Übernahme von Titeldaten anderer Datenbanken (Ausnützung von Fremdleistungen), Zeitschriftenverwaltung, Fernleihe.

Die Oktober-Nummer der Zeitschrift „OCLC Newsletter" von 1982 (L-48: Nr. 143, S. 5) weist für die Woche vom 22. August 1982 folgende Statistik der Aktivitäten nach:

* **Erwerbung**

63.830	Bestellungen ausgedruckt
37.867	andere Transaktionen (z. B. Mahnungen)

* **Katalogisierung**

326.366	Bücher katalogisiert
17.569	davon nur eigene Erfassungstätigkeit, die Differenz von
308.797	Titelaufnahmen war schon im System vorhanden;
9.426	MARC-II Daten von der Library of Congress als Fremdleistung übernommen;
2,217.701	Katalogzettel produziert, eine Eigenart des OCLC-Systems, während andere COM bevorzugen;
8,730.507	Bestandsnachweise aller Teilnehmer

* **Zeitschriftenverwaltung**

41.099	neue Bestandsnachweise
84.200	Eingangsnachweise einzelner Hefte und Bände

* **Fernleihe**

92.385	Fernleihbestellungen initialisiert.

Inzwischen verfügt dieses Verbundsystem bereits über einen Datenbestand von mehr als 10 Millionen Katalogeintragungen.

Im Rahmen einer kooperativen Katalogisierung sind vor allem folgende Vorteile der Automation zu nennen:

* eine hohe Trefferquote bezüglich verfügbarer Buchtitel, die bereits von anderen Bibliotheken des Verbundes erfaßt worden sind;
* gleichbleibend hohe oder sogar wachsende Qualität der Katalogisate, da das System nicht vom schwächsten Glied der Verbundteilnehmer abhängt;
* Online-Kontrolle anhand vorhandener Eintragungsformen (Verfasser, Körperschaften, Originaltitel usw.);
* Möglichkeit der Online-Erstkatalogisierung;
* Ausgabemöglichkeit in mehreren Formen: Katalogzettel, Seitendrucke für Bandkataloge, COM, Magnetbandausgabe und Bildschirmanzeige.

In einer amerikanischen Bibliothek (UCLA Engineering and Math Sciences Library) geht die Nutzung von Mikrocomputern schon so weit, daß die Benützer durch ein Selbstlernprogramm die Verwendung der in der Bibliothek verfügbaren Informationsmittel an Bibliographien, Katalogen und Nachschlagewerken kennenlernen.

In ähnlicher Weise wird dies an der UB Braunschweig praktiziert, wo dem Benützer mit Hilfe eines COMMODORE-Kleincomputers sämtliche Bereiche in einem Frage-Antwort-Spiel vorgestellt werden. Damit gewinnt der Leser einen strukturierten Überblick über das gesamte Bibliothekssystem.

Mitte 1984 waren beim OCLC-Netz bereits 300 Personal Computer im Einsatz (Type M300 Workstation, ein modifiziertes OCLC-Modell des IBM PC für Bibliotheksanwendungen). Wie die Zeitschrift „OCLC-Newsletter" vom Juni 1984 (L-65: Thomas) berichtet, ist geplant, in den Folgemonaten jeweils 100 bis 125 weitere M300-Arbeitsrechner in Betrieb zu nehmen, unter anderem für folgende Aufgaben:

* automatische Herstellung einer Online-Verbindung zum OCLC-Netz;
* Katalogisierungshilfe mit Suchcodes;
* Downloading (d. i. Abspeichern von bibliographischen Daten, die bei der Literatursuche oder Katalogisierungsunterstützung in der zentralen Datenbank gefunden wurden, auf Disketten oder Platten in den lokalen Bestand der Katalogdaten).

Obwohl es genügen würde, wenn wir vom Gesamtbereich **Bibliothek** sprechen, verwenden wir oft den Terminus **Bibliothekssystem**. Damit soll zum Ausdruck gebracht werden, daß sich die Bibliothek aus mehreren Funktionsbereichen zusammensetzt, so etwa nach der traditionellen Betrachtungsweise aus Verwaltung, Magazinierung und Benützung. Auch diese drei großen Bereiche setzen sich wiederum aus mehreren Teilbereichen zusammen, wie etwa die Verwaltung aus Bestellung, Erwerbung, Katalogisierung und Sacherschließung. Diese Gliederung findet sich in der Bibliotheksautomation wieder, wenn man von einem automatisierten Bibliothekssystem spricht (L-12: Corbin, S. 1ff.). Gerade in der Automation ist die modulare Betrachtungsweise sehr nützlich, da bei der Projektierung von Automationsvorhaben zwar alle Automationsbereiche in einem umfassenden Konzept integriert sein sollten, bei der Inangriffnahme und Realisierung jedoch ein Systembaustein nach dem anderen behandelt werden soll.

In den Anfängen der Bibliotheksautomation hat man bestimmt auch die Bibliothek als ganzes System vor Augen gehabt, doch wurden die

Grenzen der Durchführbarkeit eines integrierten Systems bei Abwägung der Realisierungsmöglichkeiten bald erkannt. Daraus resultierten verständlicherweise auch die verschiedenen Teilsysteme, die, wie bereits erwähnt, entweder im Bereiche des Geschäftsganges oder in dem der Benützung mit der Automatisierung begannen. Bei künftigen Entwicklungen wird jedoch die Idee vom integrierten System wieder etwas mehr im Vordergrund stehen, zumal es nunmehr möglich ist, auf bewährten und funktionierenden Teilsystemen weiter aufzubauen.

10. AUSBLICK

„... wies nach, daß Unternehmer oft zehn Jahre lang an geradezu himmelschreiend falschen Vorstellungen von ihrer eigenen Welt festhalten, obwohl es erdrückende Beweise gibt, daß sich diese Welt geändert hat und sie das wohl auch tun sollten." (Thomas J. Peters: Auf der Suche nach Spitzenleistungen. 1983, S. 30.)

In Zukunft wird es bald keine Bibliothek und keine Dokumentationsstelle mehr geben, die ihre Aufgaben nicht in irgendeiner Weise mit Hilfe der elektronischen Datenverarbeitung lösen wird. Bei den Archiven wird es noch etwas länger dauern, bis man sich bei der mühsamen Erschließungsarbeit des Computers bedienen wird.

Die stürmische Entwicklung der Computerindustrie wird anhalten und den Trend zur Bibliotheksautomation beschleunigen. Es wird seltener vorkommen, daß der Bibliothekar seine Automationswünsche begründen muß, vielmehr wird er von übergeordneten Dienststellen gefragt werden, warum er sich der Automation noch immer entzogen hat. Der Arbeitsplatz des Informationsbearbeiters wird - sei es nun in einem Archiv, in einer Bibliothek oder in einer Dokumentationsstelle - selbstverständlich mit einem Kleincomputer ausgerüstet sein, der nicht mehr kosten wird als eine preiswerte Schreibmaschine. Dieser Kleincomputer wird für sich allein, aber auch im Anschluß an ein Lokales Netzwerk und an einen größeren Verbund arbeiten können. Daneben wird es umfangreiche fachliche, regionale, nationale und internationale Datenbanken geben, zu denen jede Bibliothek, ja jeder automationsunterstützte Arbeitsplatz Zugriff haben wird. Und dies betrifft nicht nur Arbeitsplätze im Informations- und Dokumentationswesen.

In diese Verbundsysteme werden nicht nur die national-bibliographischen Datenbanken (z.B. BIBLIODATA, BLAISE, NUC u.a.), sondern auch die Netze der Buchhandelsorganisationen (z. B. VLB) einbezogen werden, da diese die betreffenden Titeldaten bereits ab ihrem Ursprung bzw. Erscheinungsdatum bereitstellen können.

Diese Entwicklung wird noch durch den zunehmenden Einsatz von allgemein akzeptierter Standardsoftware gefördert werden. Dabei werden informationsorientierte Abläufe und Problemlösungen mehr undmehr von den in der Anwendungssoftware enthaltenen Konzeptionen geprägt werden. Nachdem die Bibliotheksautomation in den Pionierjahren vorwiegend durch Softwareentwicklungen der einzelnen Anwender gekennzeichnet war, wird in Hinkunft der Einsatz von Standardsoftware, die sich natürlich an den besten Anwenderlösungen der Vergangenheit und Gegenwart orientieren wird, im Vordergrund stehen. Die Gründe für diesen Trend liegen auf der Hand: Qualität und Bewährung in vielfachem Einsatz, Kostenvorteile und Zeitersparnis gegenüber speziellen Eigenentwicklungen. Durch diese Entwicklungen wird ein Multiplikatoreffekt auf dem Informationssektor wirksam werden, der vielleicht auch den Nachteil einer neuen Informationsinflation nach sich ziehen wird.

Die in der Entwicklungs- und Aufbauphase unabhängig voneinander entstandenen Individuallösungen werden zunehmend durch die kooperative Vernetzung der Systeme ersetzt werden, wobei Datenbestände und Abläufe mit Hilfe von allgemein und gemeinsam festgelegten Normen einander angepaßt werden müssen. Dieser Prozeß wird es ermöglichen, daß die unermeßlichen Informationswerte, die sich im Laufe der Jahre in unterschiedlichen Datenformaten angehäuft haben, in einem weltweiten Austauschverbund zum Nutzen aller verwendet werden können.

Eine neue Dimension wird die Weiterentwicklung der Lesbarkeit gedruckter Texte bringen. Der Trend von der Strichcode- zur OCR-Eingabe gibt diese Entwicklung bereits zu erkennen. Die Lesbarkeit wird für OCR-Systeme in gleicher Weise gegeben sein wie für das menschliche Auge, wobei auch die Vielfalt der Alphabete und Schriften aller Sprachkreise kein Hindernis mehr darstellen wird.

Weitere noch nicht voll absehbare Möglichkeiten ergeben sich durch die zunehmende Anwendung von Bildschirmtext (BTX). Das Versuchsstadium wird schließlich in ein breitgefächertes Anwendungsspektrum münden. Beim BTX-Verfahren werden Telefon, Fernsehgerät, BTX-Terminal und BTX-Kleincomputer mit einem entfernten Computer zu einem neuen System zusammengefaßt. Neben klassischen EDV-Verbundsystemen werden die BTX-Netze eine neue Dimension in den Informationsverkehr der Bibliotheken und Dokumentationssysteme untereinander und mit ihren Benützern bringen. Aber auch unabhängig vom Postdienst-BTX wird es eigenständige, hausinterne BTX-Netze geben, bei denen außer den Installationskosten für die Leitungen keine laufenden Übertragungsgebühren mehr anfallen werden.

Der BTX-Dienst der Deutschen Bundespost hat nach einer Versuchszeit im Jahre 1983 seinen Betrieb aufgenommen. Mit den oben angeführten Geräten hat der BTX-Teilnehmer die Möglichkeit, durch telefonische Anwahl seiner BTX-Zentrale auf alle Informationen zuzugreifen, die das BTX-System des jeweiligen Landes zur Verfügung und auf dem laufenden hält.

In naher Zukunft werden viele Bibliotheken und Dokumentationsstellen über einen BTX-Anschluß verfügen, da die Möglichkeit der elektronischen Kommunikation auch im IuD-Bereich immer mehr Anklang finden wird. Der individuelle elektronische Briefdienst ermöglicht den schnellen Austausch von Informationen und die Hinterlegung eines Rückrufwunsches. Jede Bibliothek wird in ihrer Anschrift neben dem Postfach, dem Fernschreibanschluß und der Telefonnummer selbstverständlich auch den BTX-Anschluß anführen. Gerade Bibliotheken und Dokumentationsstellen wie auch Sortimenter und Verlage werden in Systemen als bedeutende Informationsanbieter in Erscheinung treten.

Neben den bereits bestehenden Kommunikationsdiensten wie Teletex und BTX wird als neue Dienstleistung öffentlicher Postverwaltungen Telebox (TBX) angeboten, womit zusätzliche Wünsche in diesem Anwendungsgebiet abgedeckt werden sollen. Auf dem amerikanischen Markt erfreuen sich Dienstleistungen wie EM (Electronic Mail) und CBMS (Computer Based Message System) einer lebhaften Inanspruchnahme. TBX bietet die Möglichkeit, Informationen in digitalisierter Form (Texte, Programme, digitalisierte Graphikdaten) schnell und ohne Umweg über andere Stellen direkt an den Empfänger zu schikken. Jedem Teilnehmer wird gegen eine Gebühr ein entsprechender Speicherplatz zugewiesen.

Die Bibliotheken und schon gar die Archive mit ihren Unikatbeständen werden noch lange in ihrer bisherigen Form bestehen bleiben. Die buchlose Bibliothek wird es nicht so bald geben, wohl aber werden buchlose Informationssysteme daneben entstehen, die vielleicht auch an Bibliotheken und Dokumentationsstellen angeschlossen sein werden. Die heute noch spürbaren und scheinbaren Widersprüche bzw. propagierten Alternativen mit vermeintlichem Exklusivanspruch werden in neuen Synthesen die Weiterentwicklung sinnvoll und positiv beeinflussen.

Welche Möglichkeiten sich durch die Computermodelle der **Fünften Generation** und weiterer Generationen noch eröffnen werden (L-19: Feigenbaum), ist schwer vorherzusehen. Auf Veranlassung des Japanischen Ministeriums für Internationalen Handel und Industrie arbeitet ein Forscherteam am Modell des **Computers der 5. Generation**, der über Fähigkeiten verfügen soll, die bisher nur dem Menschen vorbehalten waren:

- lernen
- assoziieren
- entscheiden.

Die Computer sollen klein, dauerhaft und preiswert sein. In einer ersten Entwicklungsphase ist der Bau einer Expertenmaschine vorgesehen, die mehrere tausend Regeln behandeln kann. Die zweite Entwicklungsphase dient der Weiterentwicklung und Vervollkommnung dieses Systems. In der dritten Entwicklungsphase soll in einem Dreijahresplan ein Supercomputer mit der Fähigkeit, über zehntausend Wissensregeln zu verarbeiten, fertiggestellt werden. Um dies alles verwirklichen zu können, soll die Maschine so konzipiert werden, daß sie in der Lage ist, gesprochene und geschriebene Wörter sowie graphische Daten zur Verarbeitung in sich aufzunehmen. Weiters ist vorgesehen, zwischen akustischer Worteingabe und Schriftausgabe im Wege von Textsystemen eine Verbindung herzustellen. Obwohl an der Realisierung dieser Zukunftspläne von mancher Seite sehr gezweifelt wird, sind schon zahlreiche Impulse auf die Weiterentwicklung der Informationsverarbeitung ausgegangen. Und wie oft ist schon eine Utopie von der Wirklichkeit überholt worden, mag sein auch in diesem Falle. Diese Zukunftsaussichten sollten aber junge Informationsmanager anspornen, den Anschluß an kommende Entwicklungen vorbereiten zu helfen.

11. FRAGENKATALOG

1. Nennen Sie einige Grundoperationen der Datenverarbeitung!
2. Wie nennt man die Darstellungsform der Zeichen im Computer?
3. Was ist ein Algorithmus?
4. Was ist ein Programm?
5. Wie lautet die Bezeichnung für die maschinentechnische Ausstattung eines Computers?
6. Nennen Sie die wichtigsten materiellen Bausteine eines Computers!
7. Was ist ein Chip?
8. Was ist eine Schnittstelle und wozu dient sie?
9. Was ist ein Modem?
10. Was ist Software?
11. Welche beiden Zustände kann ein Bit haben?
12. Was ist ein Byte?
13. Nennen Sie 3 Eingabeeinheiten!
14. Nennen Sie 3 andere Ausgabeeinheiten!
15. Nennen Sie 3 externe Speichereinheiten!
17. Nennen Sie periphere Einheiten, die sowohl zu den Fragen 9, 10 als auch 11 genannt werden können!
18. Welche Vorteile hat COM gegenüber der Ausgabe auf dem Schnelldrucker?
19. Welches Dienstprogramm dient zur Umwandlung von Quellprogrammen einer bestimmten Programmiersprache in ein ablauffähiges Maschinenprogramm?
20. Nennen Sie 3 Programmiersprachen!
21. Was ist ein Datensatz?
22. Nennen Sie einen typischen bibliothekarischen Datensatz konventioneller Art!
23. Was ist eine Datei?
24. Nennen Sie Grundoperationen der Dateiverarbeitung!
25. Nennen Sie eine bibliothekarische Datei konventioneller Art!
26. Was sind alphanumerische Daten?
27. Nennen Sie zwei wichtige logische Operatoren, die bei der Suche in Informationssystemen unbedingt notwendig sind!

28. Was ist ein Kategorienschema?
29. Was heißt „Ausnützung von Fremdleistungen“ ?
30. Wozu dient ein Datenfeld fixer Länge?
31. Wozu dient ein Datenfeld variabler Länge?
32. Was bedeutet das „Vater-Sohn-Enkel-Prinzip“?
33. Welche Daten sind nach dem Datenschutzgesetz besonders zu schützen?
34. Was bedeuten die Bezeichnungen Kompatibilität und Portabilität?
35. Ist ein P.I.-Zettelkatalog mit einem RAK-Zettelkatalog ohne Änderung kompatibel?
36. Was bedeutet „verteilte Intelligenz“ ?
37. Was ist Echtzeitverarbeitung?
38. Welche Bedeutung hat die Antwortzeit?

12. LITERATURVERZEICHNIS

L-1 Arbeitsstelle für Bibliothekstechnik <Berlin>
Die Zukunft automatisierter Bibliotheksnetze in der Bundesrepublik Deutschland. Möglichkeiten und Grenzen aus technischer u. bibliothekarischer Sicht. Bericht eines Symposiums, veranstaltet v. d. Arbeitsstelle für Bibliothekstechnik in Berlin am 1./2. Dez. 1976. -München: Verlag Dokumentation 1977. - 221 S.

L-2 Bauknecht, Kurt
Grundzüge der Datenverarbeitung. Methoden u. Konzepte für die Anwendungen. / Bauknecht, Kurt; Zehnder, Carl August. - Stuttgart: Teubner 1980. - 286 S. (Leitfäden für angewandte Informatik.)

L-3 Becker, Mario
EDV-Wissen für Anwender. Ein Handbuch für die Praxis. / Becker, Mario; Haberfellner, Reinhard; Liebetrau, Georg. - Zürich: Verlag f. Industrielle Organisation; München: CW-Publikationen 1982. - XII, 616 S.

L-4 Biedermann, Heiner
Wenn der Text gleich in den Mikrocomputer geht ... Vorteile über Vorteile - für den Autor. Neue Rolle für Lektorat, Herstellung, Setzerei; Skepsis überwiegt noch. - In: Börsenblatt f. d. dt. Buchhandel. Frankfurter Ausg. v. 25./27. 3. 1984, S. 730-733.

L-5 Blomeyer-Bartenstein, Hans Peter
Personal Computer. Kompaktrechner im Einsatz. Mit Anwenderberichten u. tabellar. Übersicht von 35 Personal Computer Systemen. - München: Verl. Markt & Technik 1980. - 200 S.

L-6 Boss, Richard W.
The Library manager's guide to automation. - White Plains, N. Y.: Knowledge Industry Publ. Inc. 1979. - 106 S. (The Professional librarian series.)

L-7 Boss, Richard W.
Automating library acquisitions. Issues and outlook. - White Plains, N. Y.: Knowledge Industry Publ. Inc. 1982. - 135 S. (The Professional librarian series.)

L-8 Cassel, Don
Introduction to computers and information processing. / Cassel, Don; Jackson, Martin. - Reston, Va.: Reston Publ. Comp. - A Prentice Hall Comp. 1980. - XV, 525 S.

L-9 Chauveinc, Marc
Le Réseau bibliographique informatisé et l'accès au document. - Paris: Les Editions d'Organisation 1983. - 295 S. (Collection systèmes d'information et de documentation.)

L-10 Collier, Mel
Local area networks. The implications for library and information science. - Boston Spa: British Library Lending Division 1984.
VII, 45 S. (Library and information research report. 19.)
/Bibl. S. 37-38: 32 Titel; S. 39-41: Glossary.

L-11 Computerwoche
Computerwoche. Die aktuelle Wochenzeitung für die Computerwelt. -München: CW- Publikationen Gmbh 1976-
/ISSN 0170-5121.

L-12 Corbin, John
Developing computer-based library systems. - Phoenix, AZ: Oryx Press 1981. - X, 226 S. (A Neal-Schuman professional book.)

L-13 Drews, Hans-Ludwig
Lexikon Datenschutz und Datensicherung. / Drews, Hans-Ludwig; Kassel, Hans; Strnad, Peter. - 2. aktualisierte u. erw. Aufl. - Berlin, München: Siemens A. G. 1983. - 276 S.

L-14 EDV in Bibliotheken
EDV in Bibliotheken. Einzelvorhaben und Verbund. Fortbildungsveranstaltung d. Arbeitsgemeinschaft Bibliothekarischer Verbände in Schleswig-Holstein in Verb. mit dem Dt. Bibliotheksinstitut, 12.-14. 11. 1981 in der Akademie Sankelmark. - Berlin: Dt. Bibliotheksinstitut 1983. - 154 S. (DBI-Materialien. 23.)

L-15 Einsatz von Kleincomputern in Bibliotheken
Der Einsatz von Kleincomputern in Bibliotheken unter Berücksichtigung von Verbundsystemen. Bericht eines Symposiums, veranstaltet vom Deutschen Bibliotheksinstitut und der Gesamthochschulbiblio-

thek Essen am 9./10. Oktober 1978. / Schwarz, Detlef <Red.> - München, New York, London, Paris: Saur 1979. - 161 S.

L-16 Elektronische Datenverarbeitung
Elektronische Datenverarbeitung in Medienarchiven und Fachinformationssystemen. Protokoll der 38. Tagung der Fachgruppe Presse-, Rundfunk- und Filmarchivare im Verein deutscher Archivare, Kassel 4.-7. Mai 1981. / Englert, Marianne <Red.> - München, New York, London, Paris: Saur 1981. - 192 S. (Presse-, Rundfunk- und Filmarchive -Mediendokumentation. 3.)

L-17 Eversberg, Bernhard
Lokale Datenverarbeitung mit COMMODORE-Rechnern. Ein Projekt der UB Braunschweig. - In: Mitteilungsblatt der Bibliotheken in Niedersachsen. H. 48. 1981, April, S. 8-18.

L-18 Eversberg, Bernhard
Einsatzmöglichkeiten von Mikrocomputern in der Bibliotheksarbeit. - In: Bestände in der Bibliotheksarbeit. 71. Deutscher Bibliothekartag in Regensburg vom 9. - 13. Juni 1981. Hrsg. v. Jürgen Hering u. Eberhard Zwink. Frankfurt/M. 1982, S. 221-229. (Zeitschrift für Bibliothekswesen und Bibliographie. Sonderh. 34.)

L-19 Feigenbaum, Edward A.
The Fifth generation. Artificial intelligence and Japan's computer challenge to the world. / Feigenbaum, Edward A.; McCorduck, Pamela. -Reading, Mass.: Addison-Wesley 1983. - IX, 275 S.
/Bibl. S. 260-268.

L-20 Führungsaufgaben, Organisation und ADV
Führungsaufgaben, Organisation und ADV. Humanorientierte Systemtechnik zur Veränderung von Organisationen. / Kraus, Herbert; Karnovsky, Hans <Mitarb.>; Pail, Felix <Mitarb.> - Würzburg: Vogel Verl. 1981. 135 S. (Kamprath-Reihe kurz und bündig: Wirtschaft)

L-21 Future of library networks
Gesamthochschulbibliothek Essen. Essen University Library. Future of library networks. Essen Symposium, 16 September - 18 September 1981. Contributors: C. Bossmeyer u. a. / Helal, Ahmed H. <Hrsg.>; Weiss, Joachim W. <Hrsg.> - Essen: Gesamthochschulbibliothek

1982. - 259 S. (Veröffentlichungen der Gesamthochschulbibliothek Essen. 4. -Publications of Essen University Library. 4.)
/Einzelbeiträge mit bibliogr. Hinweisen.

L-22 Gee, K. C. E.
Introduction to local area computer networks. - London: Macmillan 1983. - 150 S.

L-23 Geißelmann, Friedrich
Die Automatisierung der Ausleihverbuchung in ihrem Verhältnis zur Katalogführung mit EDV. - In: ABI-Technik. 1. 1981, S. 19-25.

L-24 Grosch, Audrey N.
Microcomputers in libraries, 1981-82. The era of distributed systems. – White Plains, N. Y.: Knowledge Industry Publ. Inc. 1982. - II, 263 S. (Professional librarian series)

L-25 Grupp, Bruno
Die Wahl des richtigen Minicomputers. Hardware - Software - Auswahl - Einsatz. - Grafenau: expert verl.; Berlin: VDE-Verl. 1981. - 185 S.

L-26 Haase, Volkmar
Datenverarbeitung heute. Menschen - Maschinen - Daten - Programme. / Haase, Volkmar; Stucky, Wolffried; Wegner, Lutz. - Stuttgart: Teubner 1981. - 284 S.

L-27 Habermann, Heinz
Beiträge des DBI zum Aufbau von rechnerunterstützten Verbundkatalogen. – In: Bibliotheksdienst 1981, S. 861-863.

L-28 Hacker, Rupert
Bibliothekarisches Grundwissen. - 4. Aufl. - München, New York, London, Paris: Saur 1983. - 340 S. (UTB. Uni-Taschenbücher. 148.)

L-29 Hayes, Robert M.
Handbook of data processing for libraries. / Hayes, Robert M.; Bekker, Joseph. - 2nd ed. - New York: Wiley 1974.

L-30 Heilmann, Wolfgang
Datensicherheit und Datenschutz. Hilfen zur Bestimmung des eigenen Standpunktes. / Heilmann, Wolfgang; Reusch, Günter. - Wiesbaden:

Forkel-Verl. 1984. (Schriftenreihe Integrierte Datenverarbeitung in der Praxis. Bd 35.)

L-31 Hoffmann, Heinz-Werner
Datenverarbeitung für Bibliothekare. - 2., erw. Aufl. - Frankfurt/M. 1985. - X, 195 S. (1. Aufl. 1984. VII, 182 S.) (Das Bibliothekswesen in Einzeldarstellungen.)
/Der Lehrinhalt wird anhand von 3 bibliotheks-orientierten Fallstudien instruktiv dargestellt; Bibl. S. 183-189: 104 Titel.

L-32 Jordan, Wolfgang
Strukturierte Programmierung. Einführung in die Methode und ihren praktischen Einsatz zum Selbststudium. / Jordan, Wolfgang; Urban, Heinz. - Berlin, Heidelberg, New York: Springer 1978. - 252 S.

L-33 Kesner, Richard M.
Microcomputer applications in libraries. A management tool for the 1980s and beyond. / Kesner, Richard M.; Jones, Clifton H. - London: Aldwych Press 1984. - XVII, 250 S. (Studies in Library Science. 8.)
S. 213-224: Microcomputers: an introductory glossary; S. 225-245: Bibliography; Index.

L-34 Koch, Walter
Analyse bestehender Datenformate im Bibliothekswesen. / Koch, Walter; Stock, Karl F. - Graz: Rechenzentrum Graz 1971. - Bd 1-2. (RZG. Rechenzentrum Graz. 67a. 68a.)

L-35 Koch, Walter
Untersuchungen zur Vorbereitung eines international kompatiblen Datenformates für die österreichischen wissenschaftlichen Bibliotheken. / Koch, Walter; Stock, Karl F.; Strobl, Markus. - Graz: Rechenzentrum Graz 1973. - 118 S., 36 Tab. (RZG. Rechenzentrum Graz. 80.)

L-36 Kohl, Ernst
Bibliothekarische Anforderungen an Online-Verbundsysteme: überregional anerkannte Bearbeitungsregeln, DIN-Normen und gesetzliche Vorschriften. – In: Zeitschrift f. Bibliothekswesen u. Bibliographie. 25. 1978, S. 459- 472.

L-37 Kroller, Franz
Grazer automatisierte Entlehnverbuchung. Pilotprojekt für die österreichischen Universitätsbibliotheken. / Kroller, Franz; Reinitzer, Sigrid. - In: ABI- Technik. 4. 1984, Nr. 3, S. 173-180.

L-38 Kühling, Otto
Grundbegriffe der EDV-Anwendung in Bibliotheken. - Berlin: Freie Universität - Universitätsbibliothek 1973. - 35 S.

L-39 Lancaster, F. Wilfrid
Libraries and librarians in an age of electronics. - Arlington, Va.: Information Resources Press 1982. - IX, 229 S.
/Bibl. S. 207-222; Index.

L-40 Library and information manager's guide
The Library and information manager's guide to online services. / Hoover, Ryan E. <Ed.> - White Plains, N. Y.: Knowledge Industry Publ. Inc. 1980. - V, 270 S. (The Professional librarian series.)

L-41 Lingenberg, Walter
Elektronische Datenverarbeitung in Bibliotheken. - In: Zur Theorie und Praxis des modernen Bibliothekswesens. München: Verlag Dokumentation 1976, S. 9-49.
/Bibl. S. 43-49, vgl. auch die weiteren Beiträge in diesem Band zu demselben Problemkreis.

L-42 Local Library Systems
Gesamthochschulbibliothek Essen: Essen University Library. Local Library Systems. Essen Symposium, 24. - 27. Sept. 1984. Festschrift in honour of Frederick G. Kilgour to his 70th birthday. / Helal, Ahmed H. <Hrsg.>; Weiss, Joachim W. <Hrsg.> - Essen: Gesamthochschulbibliothek Essen 1984. – XXIV, 337 S. (Veröffentlichungen der Gesamthochschulbibliothek Essen. 7. = Publications of Essen University Library. 7.)
/Enth. 20 Vortragstexte zum Thema Lokale Netze.

L-43 Lord, Kenniston W., jr.
So arbeiten Sie problemlos mit ihrem IBM-Personalcomputer. - Landsberg: Verlag Moderne Industrie 1984. - 328 S.
/PC-Kompaß (Fachwörterbuch) S. 308-322.

L-44 Martin, Susan K.
Library networks 1981-82. - White Plains, N. Y.: Knowledge Industry Publ. Inc. 1981. - 160 S. (The Professional librarian series.)

L-45 Morrison, James L.
Praktisches Computerwissen. Einführung in den Umgang mit Tastaturen. -Hamburg, New York <usw.>: McGraw-Hill 1984. - VIII, 212 S. Originaltitel: Comp-u-key: an illustrated approach to keybord literacy.

L-46 Neue Informations- und Kommunikationstechniken
Neue Informations- und Kommunikationstechniken. Ein Kolloquium zur fachlichen Meinungsbildung im Bereich Bibliothek, Information und Dokumentation. / Endres- Niggemeyer, Brigitte <Hrsg.>; Dietschmann, Hans <Mitarb.>; Glashoff, Harm <Mitarb.>; Henrichs, Norbert <Mitarb.> – München, New York, London, Paris: Saur 1984. - 175 S.

L-47 Niewalda, Paul
Die elektronische Datenverarbeitung in Bibliotheken. - 2. Aufl. -München: Verlag Dokumentation 1977. - 120 S. (Bibliothekspraxis. 1.)

L-48 OCLC System Performance
OCLC System Performance. - In: OCLC Newsletter. No. 138, v. Nov. 1981, S. 8.

L-49 Pleil, Gerhard J.
Büro- und Personalcomputer in Klein- und Mittelbetrieben. - 3. Aufl. – Stuttgart: Taylorix; Bad Wörishofen: Holzmann 1982. - 234 S. Bis zur 2. Aufl. u. d. T.: Bürocomputer in der Praxis.
/Fachzeitschriften S. 225-226; EDV-Fachliteratur S. 227-228; EDV-Fachbegriffe S. 228-233.

L-50 Raab, Herwig
Maßnahmen nach dem österreichischen Datenschutzgesetz. Leitfaden für die Praxis. / Raab, Herwig; Winter, Arthur. - Wien: Österr. Staatsdruckerei 1980. - (19), 398 S.
/Bibl. S. 387: 12 Titel.

L-51 Rorvig, Mark E.
Microcomputers and libraries. A guide to technology, products and applications. - White Plains, N. Y.: Knowledge Industry Publ. Inc. 1981. - III, 135 S. (Professional librarian series)

L-52 Schrode, Antonius
PLIDOS. Ein Beispiel für die Nutzung des Mikrocomputers in IuD. - In: Nachrichten f. Dokumentation. 31. 1980, Nr. 6, S. 210-216.

L-53 Stahlknecht, Peter
Fallstudie Methodik der Hardware- und Software-Auswahl in kleinen und mittleren Unternehmen. Dargestellt am Beispiel eines Fachverlages. / Stahlknecht, Peter; Nordhauß, Ralf. - München, Wien: Oldenbourg 1981. – 142 S. (EDV-Fallstudien)

L-54 Stallings, William
Local networks. An introduction. - New York: Macmillan; London: Collier- Macmillan 1984. - XVI, 381 S.
/Bibl. S. 359-371; Glossary S. 351-357.

L-55 Stock, Karl F.
Plans for an over-all automated network for the Austrian scientific libraries. - In: UNESCO-Bulletin for libraries. 27. 1973, No. 5, S. 265-277.

L-56 Stock, Karl F.
Pläne und Vorbereitungen für ein Netz wissenschaftlicher Bibliotheken Österreichs auf EDV-Basis. - In: Zelle, Karl u. Karl F. Stock: Einführung in die elektronische Datenverarbeitung für Bibliothekare. Graz 1976, S. C1-C14.

L-57 Stock, Karl F.
Einführung in die elektronische Datenverarbeitung mit BASIC für Bibliothekare und Dokumentare. - München, New York, London, Paris: Saur 1979. - IX, 285 S.
/Mit tabellar. Übersicht über verschiedene BASIC-Varianten.

L-58 Stock, Karl F.
Kleines BASIC-Skriptum unter Verwendung des Kleincomputers COMMODORE. -Graz: Selbstverl. Stock 1981. - 85 S.

L-59 Stock, Karl F.
Planung und Durchführung der Bibliographieherstellung mit einem Kleincomputer. Dokumentation für bibliographische und dokumentarische EDV-Projekte. - Graz: Selbstverl. Stock 1981. - 141 S. (Stock-Heilinger-Stock: Bibliographie österreichischer Bibliographien, Sammelbiographien und Nachschlagewerke. Abt. 4: Sonderbände: Bd 2.)

L-60 Stock, Karl F.
Erfahrungen mit dem Mikrocomputer. - In: Bestände in wissenschaftlichen Bibliotheken. 71. Deutscher Bibliothekartag in Regensburg vom 9. bis 13. Juni 1981. Hrsg. v. Jürgen Hering u. Eberhard Zwink. Frankfurt/M. 1982, S. 230-241. (ZfBB. Sonderh. 34.)

L-61 Stock, Karl F.
Bibliotheksautomation und optische Bildplatte. Preprint des Vortragsmanuskriptes zum Österreichischen Bibliothekartag 1984 in Klagenfurt. - Graz 1984. - 5 S.

L-62 Stock, Karl F.
Library local network with shared resource manager. - In: Gesamthochschulbibliothek Essen: Essen University Library. Local Library Systems. Essen Symposium 24. - 27. Sept. 1984. Essen 1984, S. 199-209. (Veröffentlichungen der Gesamthochschulbibliothek Essen. 7. = Publications of Essen University Library. 7.)

L-63 Stock, Karl F.
EDV-Anwendung im österreichischen Bibliothekswesen. Unterlagen für die Ausbildung. - Stand Jänner 1985. - Graz 1985. - III, 41 S. Als Manuskript vervielfältigt. (1. Ausg.) Stand Mai 1980. Graz 1980. 20 S. (2. Ausg.) Stand Jänner 1982. Graz 1982. III, 36 S. (3. Ausg.) Stand Jänner 1985. Graz 1985. III, 41 S.
/Bibl. S. 35-41: 52 Titel.

L-64 Tedd, L. A.
An Introduction to computer-based library systems. - London, New York, Rheine: Heyden 1977. - XIII, 208 S. (Heyden international topics in science.)

L-65 Thomas, Kenneth
M300 workstations: over 244 installed. Micro enhancer is coming soon. – In: OCLC Newsletter. June 1984, S. 8-9.

L-66 Uhr, Leonard
Algorithm-structured computer arrays and networks. Architectures and processes for images, percepts, models, information. - Orlando, New York, London: Academic Press 1984. - XXIII, 413 S. (Computer science and applied mathematics.)
/Bibl. S. 370-389; Glossary S. 391-397.

L-67 Umstätter, Walther
Einführung in die Literaturdokumentation und Informationsvermittlung. Medizin, Biologie, Chemie, Physik. / Umstätter, Walther; Rehm, Margarete. - München, New York, London, Paris: Saur 1981. - VIII, 208 S.

13. REGISTER

Das Register wurde mit einem Programm des Autors in compiliertem Microsoft-BASIC auf dem IBM PC/XT hergestellt. Für die Endredaktion wurde das Textprogramm PROFESSIONAL EDITOR verwendet.

Das Register bezieht sich sowohl auf den Text des Buches als auch auf das Literaturverzeichnis. Die Eintragungen unterscheiden sich wie folgt:

1) Hinweise auf den Text des Buches
   Bsp.: Ablaufplan 118 ⟶ weist auf Seite 118
2) Hinweise auf das Literaturverzeichnis
   Bsp.: Auswahl: Mikrocomputer L-25 ⟶ weist auf Titel 25 im Literaturverzeichnis
3) Hinweise auf Text- und Literaturverzeichnis
   Bsp.: Boss, Richard W. L-6,7; S.148 ⟶ weist auf Titel 6 und 7 im Literaturverzeichnis und auf Seite 148.

A

G

H

M

W